艺境

陈晓龙◎编著

中文版 **3ds Max**
三维效果图设计与制作
全视频实践228例 〔溢彩版〕

清华大学出版社
北京

内 容 简 介

本书是一本全方位、多角度讲解3ds Max效果图设计的案例式教材，全书共设置了228个实用案例，海量案例按照技术和行业应用进行划分，清晰有序，可以方便零基础的读者由浅入深地学习本书，从而循序渐进地提升读者在3ds Max效果图设计方面的处理能力。

本书共分为15章，其中前10章针对基本操作、几何体建模、样条线建模、修改器建模、多边形建模、标准灯光技术、VRay灯光技术、材质与贴图技术、摄影机和环境、Photoshop后期处理等技术进行了细致的案例讲解和理论剖析；在本书最后，还重点设置了5个章节，针对客厅、厨房、休闲室、别墅、卧室等空间的应用进行实战演练。

本书主要针对初、中级从业人员，同时也适合对室内设计、建筑设计、景观园林设计感兴趣的人学习使用，还可作为高校教材、社会培训教材使用。

图书在版编目(CIP)数据

中文版 3ds Max 三维效果图设计与制作全视频实践 228
例：溢彩版 / 陈晓龙编著 . -- 北京：清华大学出版社，
2024. 7. -- （艺境）. -- ISBN 978-7-302-66511-3

Ⅰ . TU201.4

中国国家版本馆 CIP 数据核字第 2024K5Z572 号

责任编辑：韩宜波
封面设计：李　坤
责任校对：周剑云
责任印制：刘海龙

出版发行：清华大学出版社
　　　　网　　　址：https://www.tup.com.cn，https://www.wqxuetang.com
　　　　地　　　址：北京清华大学学研大厦 A 座　　　　邮　　编：100084
　　　　社 总 机：010-83470000　　　　邮　　购：010-62786544
　　　　投稿与读者服务：010-62776969，c-service@tup.tsinghua.edu.cn
　　　　质 量 反 馈：010-62772015，zhiliang@tup.tsinghua.edu.cn
印 装 者：北京博海升彩色印刷有限公司
经　　销：全国新华书店
开　　本：210mm×260mm　　　印　　张：20.75　　　字　　数：656 千字
版　　次：2024 年 8 月第 1 版　　　印　　次：2024 年 8 月第 1 次印刷
定　　价：118.00 元

产品编号：100193-01

3ds Max

前言
PREFACE

　　3ds Max是Autodesk公司推出的三维设计软件，其广泛应用于室内设计、建筑设计、景观园林设计、广告设计、游戏摄影、动画设计、工业设计、影视设计等领域。基于3ds Max在效果图设计中的广泛应用，我们编写了本书。书中精心挑选了效果图制作中最为实用的228个案例，基本涵盖了效果图的基础操作和常用技术。

　　与同类书籍介绍大量软件操作的编写方式相比，本书最大的特点是以案例为核心，既讲解了基础入门操作和常用技术，又剖析了行业中综合案例的制作。

本书共分为15章，具体安排如下。

第1章为3ds Max基本操作，介绍初识3ds Max中的文件操作和对象操作。

第2章为几何体建模，讲解了最简单的建模技巧。

第3章为样条线建模，讲解了使用样条线制作线结构的模型。

第4章为修改器建模，讲解了更灵活有趣的修改器制作模型的方法。

第5章为多边形建模，讲解了多种经典的建模方式。

第6章为标准灯光技术，讲解了多种标准灯光技术。

第7章为VRay灯光技术，讲解了效果图设计中最常见的灯光类型。

第8章为材质与贴图技术，讲解了利用材质和贴图表现质感的方法。

第9章为摄影机和环境，讲解了摄影机的操作和环境的设置。

第10章为Photoshop后期处理，讲解了多种后期处理的常用操作技巧。

第11~15章为综合项目案例，其中包括客厅、厨房、休闲室、别墅、卧室这5种空间的大型案例的完整制作流程。

本书特色如下。

内容丰富 不仅安排了228个精美案例，还设置了一些"提示"模块，辅助学习。

章节合理 第1章主要讲解软件入门操作——超简单；第2～5章主要讲解4种常用的建模技术——超全面；第6～10章主要讲解灯光、材质、摄影机、后期处理等技术——超详细；第11～15章是综合项目案例——超实用。

实用性强 层次分明、解读详细的实用案例，可应对多种行业的设计工作。

流程方便 本书案例采用了操作思路、案例效果、操作步骤等模块，使读者在学习案例之前就可以非常清晰地了解如何进行学习。

本书采用3ds Max 2023、V-Ray 5，update 2.3版本进行编写，请各位读者使用该版本或更新版本进行练习。如果使用过低的版本，可能会出现源文件无法打开等问题。

本书提供了案例的素材文件、源文件、效果文件及视频文件，通过扫描下面的二维码，推送到自己的邮箱后即可下载使用。

本书由三亚学院的陈晓龙老师编著，其他参与编写的人员还有王萍、杨宗香、孙晓军、李芳等。

由于编者水平有限，书中难免存在欠妥之处，敬请广大读者批评、指正。

编　者

目录
CONTENTS

艺境 中文版3ds Max三维效果图设计与制作全视频 实践228例 溢彩版

第15章   **夜晚卧室表现** ············ **308**

第1章

3ds Max基本操作

本章概述

　　本章将通过11个常用的案例，详细讲解3ds Max基本操作技巧。这其中包括3ds Max对象的复制、对齐、归档、冻结、隐藏等，还包括设置单位、界面等操作。本章是全书的基础，也是必须熟练掌握的内容。

本章重点

● 对3ds Max界面等进行设置

● 对文件的基本操作

实例001 移动复制多把椅子

文件路径	第1章\移动复制多把椅子
难易指数	★★★★★
技术掌握	移动复制

扫码深度学习

💡 操作思路

本例应用移动复制的方法复制多个模型。

🖱 案例效果

案例效果如图1-1所示。

图1-1

🎤 操作步骤

01 打开本书配备的"第1章\移动复制多把椅子\001.max"文件,如图1-2所示。

图1-2

02 选择场景中的椅子模型,按住Shift键,沿X轴,单击鼠标左键向右侧拖动进行复制。在弹出的对话框中设置【实例】方式,并设置【副本数】为5,如图1-3所示。

图1-3

03 复制完成的效果如图1-4所示。

图1-4

实例002 旋转复制桌子

文件路径	第1章\旋转复制桌子
难易指数	★★★★★
技术掌握	旋转复制

扫码深度学习

💡 操作思路

本例应用修改轴点的方法,使用角度捕捉切换进行旋转复制模型。

🖱 案例效果

案例效果如图1-5所示。

图1-5

🎤 操作步骤

01 打开本书配备的"第1章\旋转复制桌子\002.max"文件,如图1-6所示。

图1-6

02 选择此时场景中的桌子模型，可以发现其轴心在桌子的中心位置，如图1-7所示。

03 单击 ▦（层次）按钮，单击【仅影响轴】按钮，如图1-8所示。

图1-7

图1-8

04 此时出现了可以移动轴位置的标志，如图1-9所示。

图1-9

05 将轴点位置移动到桌面的右下角位置，如图1-10所示。

图1-10

06 再次单击【仅影响轴】按钮，完成轴的设置。在主工具栏中激活 ↻（选择并旋转）按钮和 ◪（角度捕捉切换）按钮。并按住Shift键，沿Z轴旋转120°进行复制，设置【实例】方式，设置【副本数】为2，如图1-11所示。

图1-11

07 最终出现3个桌子效果，如图1-12所示。

图1-12

实例003　镜像模型

文件路径	第1章\镜像模型
难易指数	★★★★★
技术掌握	镜像

扫码深度学习

操作思路

本例应用镜像工具按照轴向进行模型镜像复制。

案例效果

案例效果如图1-13所示。

图1-13

操作步骤

01 打开本书配备的"第1章\镜像模型\003.max"文件，如图1-14所示。

图1-14

02 选择场景中的沙发模型，单击主工具栏中的 (镜像)按钮。设置【镜像轴】为Y、【偏移】为500.0mm、【克隆当前选择】为【复制】，如图1-15所示。

03 此时出现镜像复制的沙发模型，如图1-16所示。

图1-15

图1-16

实例004 将模型对齐到地面

文件路径	第1章\将模型对齐到地面
难易指数	★★★★★
技术掌握	对齐

Q扫码深度学习

💡操作思路

本例通过使用对齐工具将一个模型对齐到另外一个模型表面。

🖱案例效果

案例效果如图1-17所示。

图1-17

🎙操作步骤

01 打开本书配备的"第1章\将模型对齐到地面\004.max"文件，如图1-18所示。

02 选择创建中的沙发模型，然后单击主工具栏中的 (对齐)按钮，接着单击地面模型，如图1-19所示。

图1-18

图1-19

03 此时在弹出的对话框中设置【对齐位置（屏幕）】为【Z位置】、【当前对象】为【最小】、【目标对象】为【最大】，如图1-20所示。

图1-20

04 此时的沙发已经落在地面上了，如图1-21所示。

图1-21

实例005　冻结和解冻模型

文件路径	第1章\冻结和解冻模型
难易指数	★★★★★
技术掌握	冻结当前选择

🔍扫码深度学习

💡操作思路

　　冻结模型，可以使模型无法被选择，这有助于进行场景的编辑操作。

🖱案例效果

　　案例效果如图1-22所示。

图1-22

🎤操作步骤

01 打开本书配备的"第1章\冻结和解冻模型\005.max"文件，如图1-23所示。

图1-23

02 选择场景中的浴缸模型，单击右键，执行【冻结当前选择】命令，如图1-24所示。

图1-24

03 此时的浴缸已经被冻结，而且无法进行选择，如图1-25所示。

图1-25

04 如果想解冻模型，那么只需要再次单击右键，执行【全部解冻】命令，即可完成解冻，如图1-26所示。

图1-26

05 此时解冻后的模型如图1-27所示。

图1-27

实例006　归档整理文件

文件路径	第1章\归档整理文件
难易指数	★★★★★
技术掌握	归档

🔍扫码深度学习

💡操作思路

　　可以将场景归档为一个压缩包，使当前场景使用到的

第1章 3ds Max 基本操作

5

贴图、灯光文件等都自动打包。

操作步骤

01 打开本书配备的"第1章\ 归档整理文件\006.max"文件，如图1-28所示。

图1-28

02 在菜单栏中执行【文件】|【归档】命令，如图1-29所示。

图1-29

03 此时在相应的位置设置文件名，并单击【保存】按钮，如图1-30所示。

图1-30

04 等待一段时间后，文件就会被整理到一个.zip格式的压缩包中，非常方便，如图1-31所示。

图1-31

实例007 设置系统单位

文件路径	第1章\设置系统单位
难易指数	★★★★★
技术掌握	单位设置

扫码深度学习

操作思路

本例讲解将cm单位更改为mm单位，在进行建模时建议设置为mm单位更精准。

操作步骤

01 打开本书配备的"第1章\ 设置系统单位\007.max"文件，如图1-32所示。

图1-32

02 选择桌子上面的长方体模型，如图1-33所示。

图1-33

03 单击 （修改）按钮，可看到此时的系统默认单位为cm（厘米），如图1-34所示。

04 mm（毫米）是效果图制作中最常用的单位，在菜单栏中执行【自定义】|【单位设置】命令，如图1-35所示。

图1-34　　　　　图1-35

05 在弹出的【单位设置】对话框中设置【公制】为【毫米】，单击【系统单位设置】按钮，并设置【单位】为【毫米】，如图1-36所示。

06 再次选择长方体模型，单击 （修改）按钮，可以看到系统默认单位已经变成了mm（毫米），如图1-37所示。

图1-36　　　　　　　　图1-37

实例008　自定义用户界面

文件路径	第1章\自定义用户界面
难易指数	★★★★★
技术掌握	加载自定义用户界面方案

扫码深度学习

操作思路

本例通过使用【加载自定义用户界面方案】命令，修改3ds Max自带的方案类型，使软件界面颜色发生变化。

案例效果

案例效果如图1-38所示。

图1-38

操作步骤

01 3ds Max的界面颜色可以更改，图1-39所示为深色的界面。

图1-39

02 若想使用浅色的界面，则需要在菜单栏中执行【自定义】|【加载自定义用户界面方案】命令，如图1-40所示。

图1-40

03 在弹出的对话框中选择ame-light.ui，并单击【打开】按钮，如图1-41所示。

04 此时界面被更改为浅色界面，如图1-42所示。

图1-41

图1-42

实例009　显示和隐藏模型

文件路径	第1章 \ 显示和隐藏模型
难易指数	★★★★★
技术掌握	隐藏选定对象、全部取消隐藏

扫码深度学习

操作思路

　　本例通过应用【隐藏选定对象】、【全部取消隐藏】命令，来隐藏和显示场景中的对象。

案例效果

　　案例效果如图1-43所示。

图1-43

操作步骤

01 打开本书配备的"第1章\ 显示和隐藏模型\009.max"文件，如图1-44所示。

图1-44

02 选择场景中的3个抱枕模型，并单击右键，执行【隐藏选定对象】命令，如图1-45所示。

图1-45

03 此时3个抱枕模型被完全隐藏了，如图1-46所示。

图1-46

04 如果想显示之前隐藏过的模型，那么需要再次单击右键，执行【全部取消隐藏】命令，如图1-47所示。

图1-47

05 此时所有被隐藏的抱枕模型都被显示出来了，如图1-48所示。

图1-48

实例010 将模型显示为外框

文件路径	第1章\将模型显示为外框	
难易指数	★★★★★	
技术掌握	对象属性	扫码深度学习

操作思路

本例通过修改对象属性中的【显示为外框】，使得复杂的模型显示为外框，有助于节省3ds Max占用的计算机内存，进而使得3ds Max操作起来更加流畅。

案例效果

案例效果如图1-49所示。

图1-49

操作步骤

01 打开本书配备的"第1章\将模型显示为外框\010.max"文件，如图1-50所示。

图1-50

02 选择椅子模型，单击右键，执行【对象属性】命令，如图1-51所示。

图1-51

03 在弹出的【对象属性】对话框中，选中【常规】选项卡中的【显示为外框】复选框，如图1-52所示。

图1-52

04 此时复杂的椅子模型在视图中以线框方式显示，如图1-53所示。

图1-53

实例011 透明显示模型

文件路径	第1章\透明显示模型	
难易指数	★★★★★	
技术掌握	快捷键 Alt+X	扫码深度学习

操作思路

本例使用Alt+X快捷键将模型透明显示，这样一来，在进行建模时就会更加方便，比如观看或选择背面的顶点。

图1-56

🖱 案例效果

案例效果如图1-54所示。

图1-54

🎤 操作步骤

打开本书配备的"第1章\透明显示模型\011.max"文
件，如图1-55所示。

图1-55

选择沙发模型，如图1-56所示。

按Alt+X快捷键，此时模型显示为透明效果，如
图1-57所示。

图1-57

艺境 中文版3ds Max三维效果图设计与制作全视频 实践228例 溢彩版

第2章

几何体建模

本章概述

　　几何体建模是3ds Max中最简单、最基础的建模方式之一，包含了很多常用的基础模型，如长方体、球体、圆柱体等。在几何基本体下面一共包括14种类型，分别为标准基本体、扩展基本体、复合对象、粒子系统、面片栅格、NURBS曲面、实体对象、门、窗、mental ray、AEC扩展、动力学对象、楼梯和VRay。

本章重点

- 长方体、圆柱体等工具的使用
- 切角长方体、切角圆柱体等工具的使用
- 复制、旋转、移动等辅助建模工具的使用

实例012　长方体制作方形茶几

文件路径	第 2 章 \ 长方体制作方形茶几
难易指数	★★★★★
技术掌握	● 长方体 ● 复制

🔍扫码深度学习

💡操作思路

　　本例应用【长方体】工具，通过移动、旋转、复制等操作制作茶几模型。

🖱案例效果

　　案例效果如图2-1所示。

图2-1

🎙操作步骤

01 在【顶】视图中创建如图2-2所示的长方体，设置【长度】为1300.0mm、【宽度】为1300.0 mm、【高度】为100.0 mm，如图2-3所示。

图2-2

参数
长度：1300.0mm
宽度：1300.0mm
高度：100.0mm
长度分段：1
宽度分段：1
高度分段：1

图2-3

提示

创建模型的次序

　　3ds Max新手往往对界面较为陌生，创建模型时无从下手，不知道单击哪些按钮。首先明确要做什么，比如要创建一个长方体，那么就需要按照图2-4中1、2、3、4的次序进行单击，然后再进行创建。

图2-4

02 在【顶】视图中创建如图2-5所示的长方体，设置【长度】为1300.0mm、【宽度】为40.0mm、【高度】为40.0mm，如图2-6所示。并将其移动到合适的位置，如图2-7所示。 在【顶】视图中，按住Shift键，沿X轴向右移动复制一个长方体。

图2-5

参数
长度：1300.0mm
宽度：40.0mm
高度：40.0mm
长度分段：1
宽度分段：1
高度分段：1
☑ 生成贴图坐标
□ 真实世界贴图大小

图2-6

图2-7

---

03 在【顶】视图中选中复制的长方体，按住Shift键，沿Z轴向左旋转复制90°，如图2-8所示。接着在【前】视图中将模型移动到合适的位置，如图2-9所示。效果如图2-10所示。

图2-8

图2-9

图2-10

04 在【顶】视图中选中旋转复制的模型，按住Shift键，沿Y轴向上拖动复制，如图2-11所示。并将其移动到合适的位置，如图2-12所示。

图2-11

图2-12

05 在【顶】视图中创建如图2-13所示的长方体，设置【长度】为40.0mm、【宽度】为40.0mm、【高度】为700.0mm，如图2-14所示，效果如图2-15所示。

图2-13

图2-14

图2-15

06 在【透视】视图中选中刚刚创建的长方体，按住Shift键，再拖动复制出3个长方体，如图2-16所示。接着将复制的长方体移动到合适的位置，如图2-17所示。

图2-16

图2-17

07 在【透视】视图中选择如图2-18所示的模型，接着按住Shift键沿Z轴向下拖动复制，如图2-19所示。

图2-18　　　　　　　　　　　图2-19

08 将复制模型移动到合适的位置，如图2-20所示。此时茶几模型已经创建完成。

图2-20

实例013　长方体制作方形餐桌

文件路径	第2章\长方体制作方形餐桌
难易指数	⭐⭐⭐⭐⭐
技术掌握	● 长方体 ● 复制

操作思路

本例应用【长方体】工具，通过移动、复制等操作制作方形餐桌模型。

案例效果

案例效果如图2-21所示。

图2-21

操作步骤

01 执行【创建】|【几何体】|【长方体】命令，在【顶】视图中按住鼠标左键拖曳创建一个长方体模型，然后单击【修改】按钮，在【参数】卷展栏中

设置【长度】为2000.0mm，【宽度】为3400.0mm，【高度】为150.0mm，如图2-22所示。

图2-22

02 在左视图中再次创建一个长方体模型，接着单击【修改】按钮，在【参数】卷展栏中设置【长度】为1800.0mm，【宽度】为100.0mm，【高度】为100.0mm，如图2-23所示。接着在【透视】视图中选中刚刚创建的长方体模型，然后按住Shift键并按住鼠标左键将其沿着X轴向右平移并复制，放置在合适的位置后释放鼠标，在弹出的【克隆选项】对话框中设置【对象】为【复制】，【副本数】为1，设置完成后单击【确定】按钮，如图2-24所示。

图2-23

图2-24

03 接着再次创建一个长方体模型，然后单击【修改】按钮，在【参数】卷展栏中设置【长度】为1800.0mm，【宽度】为100.0mm，【高度】为100.0mm，效果如图2-25所示。

图2-25

04 按住Ctrl键选中刚刚创建的3个长方体模型，然后按住Shift键并按住鼠标左键将其沿Y轴平移并复制，移动到合适的位置后释放鼠标，在弹出的【克隆选项】对话框中设置【对象】为【复制】，【副本数】为8，设置完成后单击【确定】按钮，如图2-26所示。案例最终效果如图2-27所示。

图2-26

图2-27

实例014	长方体制作柜子	
文件路径	第 2 章 \ 长方体制作柜子	
难易指数	★★★★★	
技术掌握	● 长方体 ● 镜像 ● 复制	🔍扫码深度学习

操作思路

本例应用【长方体】工具，通过移动、旋转、复制、镜像等操作制作柜子模型。

案例效果

案例效果如图2-28所示。

图2-28

操作步骤

01 在【顶】视图中创建如图2-29所示的长方体，设置【长度】为900.0mm、【宽度】为1600.0mm、【高度】为50.0mm，如图2-30所示。

图2-29

图2-30

02 在【前】视图中选择模型，如图2-31所示，按住Shift键，沿Z轴向下复制旋转90°，如图2-32所示。

图2-31

图2-32

03 设置复制模型的【宽度】为800.0mm，如图2-33所示。将其移动到合适的位置，效果如图2-34所示。

图2-33

图2-34

04 在【前】视图中选择如图2-35所示的模型，单击【镜像】按钮，在弹出的【镜像：屏幕 坐标】对话框中选择XY和【复制】选项，如图2-36所示。效果如图2-37所示。

图2-35

图2-36

05 将模型移动到如图2-38所示的位置。

图2-37

图2-38

06 在【透视】视图中选择如图2-39所示的模型，按住Shift键，沿Z轴向下拖动复制，如图2-40所示。

图2-39

图2-40

07 设置复制模型的【宽度】为1500.0mm，如图2-41所示。效果如图2-42所示。

图2-41

图2-42

08 接着按住Shift键，沿Z轴向下拖动复制，如图2-43所示。设置复制模型的【长度】为10.0mm、【高度】为400.0mm，再将模型移动到合适的位置，如图2-44所示。效果如图2-45所示。

图2-43

图2-44

图2-45

09 再次按住Shift键，沿Y轴向左拖动复制，如图2-46所示。

图2-46

10 选择如图2-47所示的模型，再次按住Shift键，沿X轴向右拖动复制，如图2-48所示。

图2-47

图2-48

11 设置复制模型的【宽度】为400.0mm，如图2-49所示。将模型移动到合适的位置，效果如图2-50所示。

图2-49

图2-50

12 在【前】视图中创建如图2-51所示的长方体，设置【长度】为35.0mm、【宽度】为200.0mm、【高度】为50.0mm，如图2-52所示。将模型移动到合适的位置，如图2-53所示。

图2-51

图2-52

图2-53

13 接着按住Shift键，沿X轴向右拖动复制，如图2-54所示。

图2-54

14 再次按住Shift键，将模型沿Z轴向下拖动复制出4个模型，如图2-55所示。分别设置【长度】为100.0mm、【宽度】为125.0mm、【高度】为100.0mm，如图2-56所示。再分别将其移动到合适的位置，如图2-57所示。

图2-55

图2-56

艺境 中文版3ds MaxⅢ维效果图设计与制作全视频 实践228例 溢彩版

图2-57

15 此时模型已经创建完成，效果如图2-58所示。

图2-58

实例015　长方体制作创意台灯

文件路径	第2章\长方体制作创意台灯
难易指数	⭐⭐⭐⭐⭐
技术掌握	● 长方体 ● 复制

🔍扫码深度学习

💡操作思路

本例应用【长方体】工具，通过移动、旋转、复制等操作制作创意台灯模型。

🖱案例效果

案例效果如图2-59所示。

图2-59

🎤操作步骤

01 在【前】视图中创建如图2-60所示的长方体，设置【长度】为50.0mm、【宽度】为200.0mm、【高度】为50.0mm，如图2-61所示。

图2-60

图2-61

02 在【前】视图中创建如图2-62所示的长方体，设置【长度】为30.0mm、【宽度】为50.0mm、【高度】为50.0mm，如图2-63所示。将模型移动到合适的位置，如图2-64所示。

图2-62

图2-63

图2-64

03 在【前】视图中创建如图2-65所示的长方体，设置【长度】为150.0mm、【宽度】为150.0mm、【高度】为250.0mm，如图2-66所示。将模型移动到合适的位置，如图2-67所示。

图2-65

图2-66

图2-67

04 在【前】视图中选择所有模型，如图2-68所示，按住Shift键，沿Y轴向下拖动复制，并将其移动到合适的位置，如图2-69所示。效果如图2-70所示。

图2-68

图2-69

图2-70

图2-80

05 再次在【前】视图中选择如图2-71所示的模型,按住Shift键,沿Y轴向下拖动复制,如图2-72所示。

08 在【透视】视图中选择如图2-76所示的模型,沿Y轴向上旋转35°,如图2-77所示。

实例016	长方体制作中式台灯
文件路径	第2章\长方体制作中式台灯
难易指数	★★★★★
技术掌握	● 长方体 ● 镜像

扫码深度学习

图2-71

图2-76

操作思路

本例应用【长方体】工具,通过移动、旋转、复制、镜像等操作制作中式台灯模型。

图2-72

图2-77

案例效果

案例效果如图2-81所示。

06 在【透视】视图中选择如图2-73所示的模型,设置【长度】为500.0mm、【宽度】和【高度】均为50.0mm,如图2-74所示。

09 在【顶】视图中创建如图2-78所示的长方体,设置【长度】为200.0mm、【宽度】为450.0mm、【高度】为50.0mm,如图2-79所示。

图2-81

图2-73

图2-78

操作步骤

01 在【前】视图中创建如图2-82所示的长方体,设置【长度】为300.0mm、【宽度】为500.0mm、【高度】为5.0mm,如图2-83所示。

参数

长度:	500.0mm
宽度:	50.0mm
高度:	50.0mm
长度分段:	1
宽度分段:	1
高度分段:	1

图2-74

参数

长度:	200.0mm
宽度:	450.0mm
高度:	50.0mm
长度分段:	1
宽度分段:	1
高度分段:	1

图2-79

图2-82

07 将模型移动到合适的位置,效果如图2-75所示。

10 此时模型已经创建完成,效果如图2-80所示。

图2-83

02 在【左】视图中创建如图2-84所示的长方体,设置【长度】为300.0mm、【宽度】为350.0mm、【高度】为5.0mm,如图2-85所示。效果如图2-86所示。

图2-84

图2-85

图2-86

03 选择如图2-87所示的模型,单击【镜像】按钮,在弹出的【镜像:屏幕 坐标】对话框中选择XY和【复制】选项,如图2-88所示。效果如图2-89所示。

图2-87

图2-88

04 将复制的模型移动到合适的位置,如图2-90所示。

图2-89

图2-90

05 在【前】视图中创建如图2-91所示的长方体,设置【长度】为300.0mm、【宽度】为40.0mm、【高度】为40.0mm,如图2-92所示。将模型移动到合适的位置,效果如图2-93所示。

图2-91

图2-92

图2-93

06 在【前】视图中创建如图2-94所示的长方体,设置【长度】为40.0mm、【宽度】为450.0mm、【高度】为40.0mm,如图2-95所示。将模型移动到合适的位置,效果如图2-96所示。

图2-94

图2-95

图2-96

07 在【前】视图中选择如图2-97所示的模型,按住Shift键,沿Z轴向下复制旋转90°,如图2-98所示。将模型移动到合适的位置,如图2-99所示。

图2-97

图2-98

图2-99

08 按住Shift键，在【透视】视图中将模型沿X轴向左拖动复制，如图2-100所示。设置【长度】为300.0mm、【宽度】和【高度】均为40.0mm，如图2-101所示。将模型移动到合适的位置，效果如图2-102所示。

图2-100

图2-101

图2-102

09 按住Shift键，将模型沿Y轴向下复制旋转90°，如图2-103

所示。将模型移动到合适的位置，如图2-104所示。

图2-103

图2-104

10 按住Shift键，将模型沿Y轴向右复制旋转90°，如图2-105所示。设置【长度】为200.0mm，如图2-106所示。将模型移动到合适的位置，如图2-107所示。

图2-105

图2-106

图2-107

11 按住Shift键，将模型沿Y轴向下复制旋转90°，如图2-108所示。将

模型移动到合适的位置，如图2-109所示。

图2-108

图2-109

12 按住Shift键，将模型沿Y轴向下复制旋转90°，如图2-110所示。设置【长度】为100.0mm，如图2-111所示。将模型移动到合适的位置，如图2-112所示。

图2-110

图2-111

图2-112

13 按住Shift键，将模型沿Y轴向下复制旋转90°，如图2-113所示。将

模型移动到合适的位置，如图2-114所示。

图2-113

图2-114

14 选择如图2-115所示的模型，按住Shift键，沿Z轴向下拖动复制，如图2-116所示。

图2-115

图2-116

15 在【顶】视图中创建如图2-117所示的长方体，设置【长度】为200.0mm、【宽度】为500.0mm、【高度】为50.0mm，如图2-118所示。

图2-117

图2-118

16 将模型移动到合适的位置，此时模型已经创建完成，效果如图2-119所示。

图2-119

实例017	长方体制作置物架
文件路径	第2章\长方体制作置物架
难易指数	★★★★★
技术掌握	● 长方体 ● 复制

扫码深度学习

操作思路

本例应用【长方体】工具，通过移动、旋转、复制等操作制作置物架模型。

案例效果

案例效果如图2-120所示。

图2-120

操作步骤

01 在【顶】视图中创建如图2-121所示的长方体，设置【长度】为300.0mm、【宽度】为1000.0mm、【高度】为50.0mm，如图2-122所示。

图2-121

图2-122

02 在【前】视图中创建如图2-123所示的长方体，设置【长度】为1100.0mm、【宽度】为100.0mm、【高度】为50.0mm，如图2-124所示。

图2-123

图2-124

03 在【透视】视图中将模型移动到合适的位置，如图2-125所示。按住Shift键，沿Y轴向左拖动复制，如图2-126所示。

04 在【透视】视图中选择如图2-127所示的模型，按住Shift键，沿Z轴向下拖动复制，如图2-128所示。

图2-125

图2-126

图2-127

图2-128

05 将复制长方体的【宽度】设置为1500.0mm，如图2-129所示。将模型调整到合适的位置，如图2-130所示。

图2-129

图2-130

06 选择如图2-131所示的模型，按住Shift键，沿X轴向右拖动复制，如图2-132所示。

图2-131

图2-132

07 将复制模型的【长度】设置为700.0mm，如图2-133所示。效果如图2-134所示。

图2-133

图2-134

08 将模型移动到合适的位置，如图2-135所示。

图2-135

09 在【透视】视图中选择如图2-136所示的模型，将其移动到合适的位置，如图2-137所示。

图2-136

图2-137

10 选择如图2-138所示的模型，按住Shift键，沿X轴向右拖动复制，如图2-139所示。

图2-138

图2-139

11 将复制模型的【宽度】设置为300.0mm，如图2-140所示。效果如图2-141所示。

图2-140

图2-141

12 将模型移动到合适的位置，此时模型已经创建完成，效果如图2-142所示。

图2-142

实例018　长方体制作酒架

文件路径	第2章\长方体制作酒架
难易指数	★★★★★
技术掌握	● 长方体 ● 复制 ● 镜像

扫码深度学习

操作思路

本例应用【长方体】工具，通过移动、复制、镜像等操作制作酒架模型。

案例效果

案例效果如图2-143所示。

图2-143

操作步骤

01 执行【创建】|【几何体】|【长方体】命令，在【前】视图中创建一个长方体模型，接着单击 （修改）按钮，在【参数】卷展栏中设置该长方体模型的【长度】为150.0mm，【宽度】为1500.0mm，【高度】为2600.0mm，如图2-144所示。

图2-144

02 在【左】视图中创建一个长方体模型，然后单击 （修改）按钮，在【参数】卷展栏中设置【长度】为150.0mm，【宽度】为1500.0mm，【高度】为4000.0mm，如图2-145所示。

图2-145

03 设置完成后选中刚刚创建的长方体模型，然后按住Shift键并按住鼠标左键将其沿Y轴向下平移并复制，移动到合适的位置后，释放鼠标，在弹出的【克隆选项】对话框中设置【对象】为【复制】，【副本数】为1，设置完成后单击【确定】按钮，如图2-146所示。

图2-146

04 按住Ctrl键加选场景中所有的长方体模型，然后执行【组】|【组】命令，在弹出的【组】对话框中单击【确定】按钮，将其编组，如图2-147所示。

图2-147

05 单击激活【选择并旋转】和【角度捕捉切换】按钮，接着将该组沿着Z轴旋转45°，如图2-148所示。单击【镜像】按钮，在弹出的【镜像：屏幕 坐标】对话框中设置【镜像轴】为X，【克隆当前选择】为【复制】，设置完成后单击【确定】按钮，如图2-149所示。

图2-148

图2-149

06 接着将镜像复制出的组移动到合适的位置，最终效果如图2-150所示。

图2-150

实例019 切角长方体制作双人沙发

文件路径	第 2 章 \ 切角长方体制作双人沙发	
难易指数	★★★★★	
技术掌握	● 切角长方体 ● 复制	🔍扫码深度学习

操作思路

本例应用【切角长方体】工具，通过移动、复制、旋转等操作制作双人沙发模型。

案例效果

案例效果如图2-151所示。

图2-151

操作步骤

01 在【顶】视图中创建如图2-152所示的切角长方体，设置【长度】为1000.0mm、【宽度】为2000.0mm、【高度】为300.0mm、【圆角】为30.0mm，如图2-153所示。

图2-152

图2-153

02 在【顶】视图中创建一个切角长方体，如图2-154所示，设置【长度】为1000.0mm、【宽度】为

300.0mm、【高度】为900.0mm，
【圆角】为30.0mm，如图2-155所示。

图2-154

图2-155

03 在【顶】视图中选择刚刚创建的切角长方体，按住Shift键，沿着X轴向右拖动，复制出一个切角长方体，并将两个切角长方体移动到合适的位置，如图2-156所示。

图2-156

04 此时效果如图2-157所示。

图2-157

05 在【顶】视图中创建一个切角长方体，如图2-158所示，设置【长度】为300.0mm、【宽度】为

2600.0mm、【高度】为900.0mm、
【圆角】为30.0mm，并移动到合适的位置，如图2-159所示。

图2-158

图2-159

06 在【顶】视图中创建一个切角长方体，如图2-160所示。设置【长度】为1000.0mm、【宽度】为1000.0mm、【高度】为265.0mm，【圆角】为30.0mm，并将其移动到合适的位置，如图2-161所示。

图2-160

图2-161

07 在【顶】视图中选择刚刚创建的切角长方体，按住Shift键，沿X轴向右拖动，复制出一个切角长方体，并将其移动到合适的位置，如图2-162所示。效果如图2-163所示。

图2-162

图2-163

08 在【透视】视图中选择如图2-164所示的模型，按住Shift键，沿Z轴向上拖动复制，并分别设置两个模型【长度】为600.0mm，如图2-165所示。效果如图2-166所示。

图2-164

参数	
长度	600.0mm
宽度	1000.0mm
高度	265.0mm
圆角	30.0mm
长度分段	1
宽度分段	1
高度分段	1
圆角分段	3

图2-165

图2-166

09 在【透视】视图中选择复制的两个模型，沿X轴向下旋转60°，如图2-167所示。接着在【左】视图中将模型移动到合适的位置，如图2-168所示。

图2-167

图2-168

10 在【顶】视图中创建一个切角长方体，如图2-169所示。设置【长度】为1300.0mm、【宽度】为2600.0mm、【高度】为100.0mm、【圆角】为20.0mm，如图2-170所示。

图2-169

图2-170

11 在【透视】视图中选择创建的模型，将其移动到合适的位置，如图2-171所示。

12 在【透视】视图中创建一个切角长方体，如图2-172所示，设置【长度】为200.0mm、【宽度】为200.0mm、【高度】为200.0mm、【圆角】为25.0mm，如图2-173所示。

图2-171

图2-172

图2-173

13 选中刚刚创建的模型，按住Shift键，拖动复制出3个模型，将模型移动到合适的位置，如图2-174所示。效果如图2-175所示。

图2-174

图2-175

实例020　切角圆柱体、圆锥体制作圆几

文件路径	第2章\切角圆柱体、圆锥体制作圆几
难易指数	★★★★★
技术掌握	● 切角圆柱体 ● 圆锥体 ● 复制 ● 阵列

扫码深度学习

操作思路

本例应用【切角圆柱体】和【圆锥体】工具，通过移动、复制、旋转、阵列等操作制作圆几模型。

案例效果

案例效果如图2-176所示。

图2-176

操作步骤

01 在【顶】视图中创建如图2-177所示的切角圆柱体，设置【半径】为500.0mm、【高度】为50.0mm、【圆角】为10.0mm、【圆角分段】为50、【边数】为100，如图2-178所示。

图2-177

图2-178

02 在【顶】视图中创建如图2-179
所示的圆锥体，设置【半径1】为
20.0mm、【半径2】为27.0mm、【高
度】为700.0mm、【边数】为24，如
图2-180所示。

图2-179

图2-180

03 在【透视】视图中选择刚刚创建
的圆锥体，如图2-181所示，沿
Y轴向右旋转15°，如图2-182所示。

图2-181

图2-182

04 将模型移动到合适的位置，效果如图2-183所示。

图2-183

05 在【顶】视图中选择如图2-184所示的模型，进入【层次】面板，单击【仅
影响轴】按钮，并将轴移动到中心，效果如图2-185所示。

图2-184

图2-185

06 在菜单栏中执行【工具】|【阵列】命令，如图2-186所示，在弹出的【阵
列】对话框中，单击【旋转】后面的 > 按钮，设置Z轴为360.0度，设置
1D为3，最后单击【确定】按钮，如图2-187所示。

图2-186   图2-187

07 此时圆几模型制作完成，效果如图2-188所示。

图2-188

实例021　切角长方体、长方体、管状体制作床头柜

文件路径	第2章 \ 切角长方体、长方体、管状体制作床头柜
难易指数	★★★★★
技术掌握	● 切角长方体 ● 长方体 ● 管状体 ● 复制

扫码深度学习

操作思路

　　本例应用【切角长方体】、【长方体】和【管状体】工具，通过移动、旋转、复制等操作制作床头柜模型。

案例效果

　　案例效果如图2-189所示。

图2-189

操作步骤

01 在【顶】视图中创建如图2-190所示的切角长方体，设置【长度】为1000.0mm、【宽度】为1000.0mm、【高度】为100.0mm、【圆角】为3.0mm、【圆角分段】为3，如图2-191所示。

图2-190

参数	
长度	1000.0mm
宽度	1000.0mm
高度	100.0mm
圆角	3.0mm
长度分段	1
宽度分段	1
高度分段	1
圆角分段	3

图2-191

02 在【前】视图中创建如图2-192所示的切角长方体，设置【长度】为1200.0mm、【宽度】为100.0mm、【高度】为100.0mm、【圆角】为3.0mm，如图2-193所示。

图2-192

参数	
长度	1200.0mm
宽度	100.0mm
高度	100.0mm
圆角	3.0mm
长度分段	1
宽度分段	1
高度分段	1
圆角分段	3

图2-193

03 将模型移动到合适的位置，效果如图2-194所示。接着按住Shift键，拖动复制出3个模型，如图2-195所示。并将其移动到合适的位置，效果如图2-196所示。

04 在【左】视图中选择如图2-197所示的模型，设置【长度】为100.0mm、【宽度】为800.0mm、【高度】为100.0mm、【圆角】为

3.0mm，如图2-198所示。

图2-194

图2-195

图2-196

图2-197

参数	
长度	100.0mm
宽度	800.0mm
高度	100.0mm
圆角	3.0mm
长度分段	1
宽度分段	1
高度分段	1
圆角分段	3

图2-198

05 将模型移动到合适的位置，效果如图2-199所示。接着按住Shift键，拖动复制出3个模型，如图2-200所示。并将其移动到合适的位置，效果如图2-201所示。

图2-199

图2-200

图2-201

06 在【透视】视图中选择如图2-202所示的模型，按住Shift键，沿Z轴向下拖动复制，如图2-203所示。

图2-202

图2-203

07 在【透视】视图中选择如图2-204所示的模型，按住Shift键，沿Y轴向下复制旋转90°，如图2-205所示。并将模型移动到合适

的位置，效果如图2-206所示。

图2-204

图2-205

图2-206

08 按住Shift键，将复制模型沿X轴拖动复制，将其移动到合适的位置，如图2-207和图2-208所示。

图2-207

图2-208

09 在【透视】视图中选择如图2-209所示的模型，按住Shift键，沿Z轴向下拖动复制，如图2-210所示。

图2-209

图2-210

10 在【透视】视图中选择如图2-211所示的模型，按住Shift键，沿Z轴向下拖动复制，如图2-212所示。

图2-211

图2-212

11 在【顶】视图中创建如图2-213所示的长方体，设置【长度】为800.0mm、【宽度】为800.0mm、【高度】为120.0mm，如图2-214所示。

图2-213

图2-219

图2-214

12 将模型移动到合适的位置,效果如图2-215所示。

图2-215

13 在【前】视图中创建如图2-216所示的管状体,设置【半径1】为270.0mm、【半径2】为145.0mm、【高度】为100.0mm、【边数】为4,如图2-217所示。

图2-216

图2-217

14 将模型沿Z轴向右旋转45°,如图2-218所示。效果如图2-219所示。

图2-218

15 按住Shift键,将复制模型沿Y轴向右拖动复制,将其移动到合适的位置,效果如图2-220和图2-221所示。

图2-220

图2-221

16 在【前】视图中创建如图2-222所示的长方体,设置【长度】为1000.0mm、【宽度】为100.0mm,【高度】为100.0mm,如图2-223所示。

图2-222

图2-223

17 将长方体沿Z轴向左旋转45°,如图2-224所示。再次按住Shift键,沿Z轴向右旋转90°,如图2-225所示。效果如图2-226所示。

图2-224

图2-225

图2-226

18 在【透视】视图中选择如图2-227所示的模型,按住Shift键,沿Y轴向右拖动复制,如图2-228所示。

图2-227

图2-228

艺境
中文版3ds Max三维效果图设计与制作全视频
实践228例
溢彩版

19 在【透视】视图中选择如图2-229所示的模型，设置【长度】为1100.0mm、【宽度】为1100.0mm，效果如图2-230所示。

图2-229

图2-230

20 此时模型已经创建完成，效果如图2-231所示。

图2-231

实例022	长方体、管状体制作简约台灯
文件路径	第2章\长方体、管状体制作简约台灯
难易指数	★★★★★
技术掌握	● 长方体 ● 管状体 ● 复制 ● 镜像

🔍扫码深度学习

💡操作思路

本例应用【长方体】和【管状体】

工具，通过移动、缩放、旋转、复制、镜像等操作制作简约台灯模型。

🖱案例效果

案例效果如图2-232所示。

图2-232

🎙操作步骤

01 在【前】视图中创建如图2-233所示的长方体，设置【长度】为300.0mm、【宽度】为500.0mm、【高度】为5.0mm，如图2-234所示。

图2-233

图2-234

02 在【左】视图中创建如图2-235所示的长方体，设置【长度】为300.0mm、【宽度】为350.0mm、【高度】为5.0mm，如图2-236所示。效果如图2-237所示。

图2-235

图2-236

图2-237

03 选择如图2-238所示的模型，单击【镜像】按钮 M，在弹出的【镜像：屏幕 坐标】对话框中选择XY和【复制】选项，如图2-239所示。效果如图2-240所示。

图2-238

图2-239

图2-240

04 将复制的模型移动到合适的位置，如图2-241所示。

图2-241

05 在【透视】视图中选择如图2-242所示的模型，按住Shift键进行等比缩小，如图2-243所示。

图2-242

图2-243

06 将模型移动到合适的位置，效果如图2-244所示。按住Shift键，沿Z轴向下拖动复制，如图2-245所示。

图2-244

图2-245

07 在【前】视图中选择如图2-246所示的长方体，设置【长度】为230.0mm、【宽度】为35.0mm、【高度】为35.0mm，如图2-247所示。

图2-246

图2-247

08 在【顶】视图中创建如图2-248所示的圆柱体，设置【半径】为10.0mm、【高度】为150.0mm，如图2-249所示。

图2-248

图2-249

09 将模型移动到合适的位置，如图2-250所示。

图2-250

10 在【顶】视图中创建如图2-251所示的长方体，设置【长度】为150.0mm、【宽度】为250.0mm、【高度】为400.0mm，如图2-252所示。

图2-251

图2-252

11 将模型移动到合适的位置，效果如图2-253所示。

图2-253

12 在【前】视图中创建如图2-254所示的管状体，设置【半径1】为106.0mm、【半径2】为90.0mm、【高度】为10.0mm、【边数】为4，如图2-255所示。

图2-254

图2-255

13 将模型沿Z轴向左旋转45°，如图2-256所示。将模型移动到合适的位置，如图2-257所示。效果如图2-258所示。

图2-256

图2-257

图2-258

14 在【透视】视图中选择如图2-259所示的模型，按住Shift键，沿Z轴向左旋转90°，如图2-260所示。将模型移动到合适的位置，效果如图2-261所示。

图2-259

图2-260

图2-261

15 选择如图2-262所示的模型，按住Shift键，沿X轴拖动复制，如图2-263所示。将其移动到合适的位置，如图2-264所示。

图2-262

图2-263

图2-264

16 按住Shift键，沿Z轴向上拖动复制，如图2-265所示。将其移动到合适的位置，如图2-266所示。

图2-265

图2-266

17 按住Shift键，沿X轴拖动复制，如图2-267所示。将其移动到合适的位置，如图2-268所示。

图2-267

图2-268

18 选择如图2-269所示的模型，单击【镜像】按钮，在弹出的【镜像：屏幕坐标】对话框中选择XY和【复制】选项，如图2-270所示。

图2-269

图2-270

19 将模型移动到合适的位置，效果如图2-271所示。此时模型已经创建完成，效果如图2-272所示。

图2-271

图2-272

实例023	长方体、管状体制作玄关桌
文件路径	第2章\长方体、管状体制作玄关桌
难易指数	★★★★★
技术掌握	● 长方体 ● 管状体 ● 复制

扫码深度学习

操作思路

本例应用【长方体】和【管状体】工具，通过移动、复制等操作制作玄关桌模型。

案例效果

案例效果如图2-273所示。

图2-273

操作步骤

01 在【顶】视图中创建如图2-274所示的长方体，设置【长度】为500.0mm、【宽度】为1500.0mm、高度为100.0mm，如图2-275所示。

图2-274

参数
长度：500.0mm
宽度：1500.0mm
高度：100.0mm
长度分段：1
宽度分段：1
高度分段：1

图2-275

02 在【前】视图中创建如图2-276所示的管状体，设置【半径1】为450.0mm、【半径2】为350.0mm、【高度】为300.0mm、【高度分段】为1、【边数】为50，如图2-277所示。

图2-276

参数
半径1：450.0mm
半径2：350.0mm
高度：300.0mm
高度分段：1
端面分段：1
边数：50
✔ 平滑
☐ 启用切片

图2-277

03 在【前】视图中选择如图2-278所示的模型，按住Shift键，沿Y轴向下拖动复制，如图2-279所示，并设置【宽度】为1300.0mm，如图2-280所示。

图2-278

图2-279

参数
长度：500.0mm
宽度：1300.0mm
高度：100.0mm
长度分段：1
宽度分段：1
高度分段：1

图2-280

04 此时模型已经创建完成，效果如图2-281所示。

图2-281

实例024	长方体制作床头柜
文件路径	第2章\长方体制作床头柜
难易指数	★★★★★
技术掌握	● 长方体 ● 镜像

扫码深度学习

操作思路

本例应用【长方体】工具，通过

镜像、复制等操作制作床头柜模型。

案例效果

案例效果如图2-282所示。

图2-282

操作步骤

01 执行【创建】|【几何体】|【长方体】命令,在画面中创建一个长方体模型,然后设置【长度】为3500.0mm、【宽度】为6000.0mm、【高度】为180.0mm,如图2-283所示。

图2-283

02 再次创建一个长方体模型,设置【长度】为3500.0mm、【宽度】为3100.0mm、【高度】为180.0mm,如图2-284所示。

图2-284

03 加选画面中的两个长方体模型,然后单击【镜像】按钮,在弹出的【镜像:屏幕 坐标】对话框中设置【镜像轴】为ZX,【克隆当前选择】为【复制】,如图2-285所示。接着将镜像复制出的图形组移动到合适的

位置,如图2-286所示。

图2-285

图2-286

04 创建一个长方体模型,设置【长度】为2900.0mm、【宽度】为6000.0mm、【高度】为180.0mm,设置完成后将其摆放在合适的位置,如图2-287所示。

图2-287

05 再次创建一个长方体模型,设置【长度】为3500.0mm、【宽度】为5555.0mm、【高度】为1300.0m,如图2-288所示。然后按住Shift键并按住鼠标左键将其向下平移并复制,移动到合适的位置后释放鼠标,在弹出的【克隆选项】对话框中设置【对象】为【复制】,【副本数】为1,效果如图2-289所示。

图2-288

图2-289

图2-292

06 执行【创建】|【几何体】|【圆柱体】命令，在视图中创建一个圆柱体，设置【半径】为60.0mm、【高度】为60.0mm。设置完成后将刚刚创建的圆柱体摆放在合适的位置，如图2-290所示。选中刚刚创建的圆柱体，按住Shift键并按住鼠标左键将其沿X轴向右平移并复制，移动到合适的位置后释放鼠标，在弹出的【克隆选项】对话框中设置【对象】为【复制】，【副本数】为1，如图2-291所示。

图2-290

图2-293

09 继续创建长方体模型，设置【长度】为150.0mm、【宽度】为150.0mm、【高度】为2165.0mm，如图2-294所示。选择刚刚创建的长方体模型，然后按住Shift键并按住鼠标左键将其沿X轴向右平移并复制，将其移动到合适的位置后释放鼠标，在弹出的【克隆选项】对话框中设置【对象】为【复制】，【副本数】为3，如图2-295所示。

图2-291

07 再次创建一个长方体模型，设置【长度】为100.0mm、【宽度】为2500.0mm、【高度】为145.0mm。设置完成后将长方体模型移动到合适的位置，如图2-292所示。

08 加选场景中的两个圆柱体和刚刚创建的长方体模型，然后按住Shift键并按住鼠标左键将其沿Z轴向下平移并复制，放置在合适的位置后释放鼠标，在弹出的【克隆选项】对话框中设置【对象】为【复制】，【副本数】为1，如图2-293所示。

图2-294

图2-295

10 选择右侧的两个长方体模型，将其移动到合适的位置，如图2-296所示。

图2-296

11 再次创建一个长方体模型，设置【长度】为150.0mm、【宽度】为150.0mm、【高度】为3442.0cm，如图2-297所示。接着将其平移并复制到右侧，效果如图2-298所示。

图2-297

图2-298

12 继续创建长方体模型，设置【长度】为150.0mm、【宽度】为150.0mm、【高度】为6000.0mm，如图2-299所示。

图2-299

实例025　切角圆柱体、圆环、圆柱体制作圆形高脚凳

文件路径	第2章\切角圆柱体、圆环、圆柱体制作圆形高脚凳
难易指数	★★★★★
技术掌握	● 切角圆柱体 ● 圆环 ● 圆柱体 ● 复制

🔍 扫码深度学习

💡 操作思路

本例应用【切角圆柱体】、【圆环】和【圆柱体】工具，通过旋转、移动、复制等操作制作圆形高脚凳模型。

🖱 案例效果

案例效果如图2-300所示。

图2-300

🎤 操作步骤

01 在【顶】视图中创建如图2-301所示的切角圆柱体，设置【半径】为260.0mm、【高度】为70.0mm、【圆角】为13.0mm、【圆角分段】为4、【边数】为50，如图2-302所示。

图2-301　　　　　　　　图2-302

02 在【顶】视图中创建如图2-303所示的圆环，设置【半径1】为235.0mm、【半径2】为25.0mm、

【分段】为50、【边数】为12，如图2-304所示。

图2-303

图2-304

03 在【前】视图中创建如图2-305所示的圆柱体，设置【半径】为20.0mm、【高度】为1000.0mm，如图2-306所示。

图2-305

图2-306

04 在【透视】视图中将模型沿着X轴向上旋转5°，如图2-307所示。接着按住Shift键再复制出3个模型，并将其移动到合适的位置，如图2-308和图2-309所示。

图2-307

图2-308

图2-309

05 在【顶】视图中创建如图2-310所示的圆环。设置【半径1】为250.0mm、【半径2】为25.0mm、【分段】为50，如图2-311所示。将其移动到合适的位置，如图2-312所示。

图2-310

图2-311

图2-312

06 在【顶】视图中创建如图2-313所示的圆环，设置【半径1】为321.0mm，【半径2】为25.0mm、

【分段】为50，如图2-314所示。将模型移动到合适的位置，如图2-315所示。此时模型已经创建完成。

图2-313

图2-314

图2-315

实例026 长方体、圆柱体、切角圆柱体、管状体制作方形台灯

文件路径	第2章\长方体、圆柱体、切角圆柱体、管状体制作方形台灯
难易指数	★★★★★
技术掌握	● 切角圆柱体 ● 镜像 ● 复制

扫码深度学习

操作思路

本例应用【长方体】、【圆柱体】、【切角圆柱体】和【管状体】工具，通过镜像、复制等操作制作方形台灯模型。

🖱️案例效果

案例效果如图2-316所示。

图2-316

🎤操作步骤

01 在【前】视图中创建如图2-317所示的长方体，设置【长度】为300.0mm，【宽度】为500.0mm、【高度】为5.0mm，如图2-318所示。

图2-317

图2-318

02 在【左】视图中创建如图2-319所示的长方体，设置【长度】为300.0mm、【宽度】为350.0mm、【高度】为5.0mm，如图2-320所示。效果如图2-321所示。

图2-319

图2-320

图2-321

03 选择如图2-322所示的模型。单击【镜像】按钮，在弹出的【镜像：屏幕 坐标】对话框中选择XY轴和【复制】选项，如图2-323所示。效果如图2-324所示。

图2-322

图2-323

图2-324

04 将复制的模型移动到合适的位置，如图2-325所示。

图2-325

05 在【顶】视图中创建如图2-326所示的圆柱体，设置【半径】为15.0mm、【高度】为400.0mm、【边数】为30，如图2-327所示。将模型移动到合适的位置，效果如图2-328所示。

图2-326

图2-327

图2-328

06 在【顶】视图中创建如图2-329所示的切角圆柱体，设置【半径】为17.0mm、【高度】为5.0mm、【圆角】为2.5mm，如图2-330所示。将模型移动到合适的位置，效果如图2-331所示。

图2-329

参数

半径: 17.0mm

高度: 5.0mm

圆角: 2.5mm

高度分段: 1

圆角分段: 4

边数: 12

端面分段: 1

☑ 平滑

☐ 启用切片

图2-330

图2-331

07 在【前】视图中按住Shift键，再缩放复制出3个模型，如图2-332所示。

图2-332

08 在【前】视图中创建如图2-333所示的圆柱体，设置【半径】为10.0mm、【高度】为20.0mm、【边数】为30，如图2-334所示。将模型移动到合适的位置，效果如图2-335所示。

09 在【顶】视图中创建如图2-336所示的长方体，设置【长度】为100.0mm、【宽度】为250.0mm、【高度】为400.0mm，如图2-337所示。

图2-333

参数

半径: 10.0mm

高度: 20.0mm

高度分段: 1

端面分段: 1

边数: 30

☑ 平滑

☐ 启用切片

图2-334

图2-335

图2-336

参数

长度: 100.0mm

宽度: 250.0mm

高度: 400.0mm

长度分段: 1

宽度分段: 1

高度分段: 1

图2-337

10 在【顶】视图创建如图2-338所示的管状体，设置【半径1】为70.0mm、【半径2】为80.0mm、【高度】为30.0mm、【边数】为4，如图2-339所示。接着将模型沿Z轴向右旋转45°，如图2-340所示。效果如图2-341所示。

11 再将模型沿Y轴向上旋转90°，如图2-342所示。

图2-338

参数

半径1: 70.0mm

半径2: 80.0mm

高度: 30.0mm

高度分段: 5

端面分段: 1

边数: 4

图2-339

图2-340

图2-341

图2-342

12 接着将模型沿Z轴向上缩放，如图2-343所示。

图2-343

13 在【顶】视图中创建如图2-344所示的长方体，设置【长度】为150.0mm、【宽度】为300.0mm、【高度】为35.0mm，如图2-345所示。

图2-344

图2-345

14 在【顶】视图中创建如图2-346所示的长方体，设置【长度】为200.0mm、【宽度】为350.0mm、【高度】为35.0mm，如图2-347所示。

图2-346

图2-347

15 将模型移动到合适的位置，模型创建完成，效果如图2-348所示。

图2-348

实例027	管状体、圆柱体、切角圆柱体、球体、圆环制作时尚台灯
文件路径	第2章 \ 管状体、圆柱体、切角圆柱体、球体、圆环制作时尚台灯
难易指数	★★★★★
技术掌握	● 球体 ● 圆环 ● 复制

扫码深度学习

操作思路

本例应用【管状体】、【圆柱体】、【切角圆柱体】、【球体】和【圆环】工具，通过复制等操作制作时尚台灯模型。

案例效果

案例效果如图2-349所示。

图2-349

操作步骤

01 在【顶】视图中创建如图2-350所示的管状体，设置【半径1】为360.0mm、【半径2】为300.0mm、【高度】为400.0mm，如图2-351所示。

图2-350

图2-351

02 在【顶】视图中创建如图2-352所示的管状体，设置【半径1】为370.0mm、【半径2】为288.0mm、【高度】为33.0mm、【边数】为30，如图2-353所示。

图2-352

图2-353

03 在【透视】视图中选择如图2-354所示的模型，并按住Shift键，沿Z轴向下拖动复制，如图2-355所示。

图2-354

图2-355

04 在【顶】视图中创建如图2-356
所示的圆柱体，设置【半径】为
25.0mm、【高度】为1200.0mm、
【边数】为30，如图2-357所示。

图2-356

图2-357

05 在【顶】视图中创建如图2-358所
示的切角圆柱体，设置【半径】
为260.0mm、【高度】为100.0mm、
【圆角】为10.0mm、【圆角分段】
为30、【边数】为50，如图2-359
所示。

图2-358

图2-359

06 此时效果如图2-360所示。

07 在【顶】视图中创建两个如
图2-361所示的球体，【半径】
分别设置为70.0mm、50.0mm，如
图2-362所示。

图2-360　　　　　　　图2-361

图2-362

08 在【顶】视图中创建两个圆环，并分别设置【半径1】为26.0mm、【半
径2】5.0mm，效果如图2-363所示。

09 台灯模型创建完成，效果如图2-364所示。

图2-363　　　　　　　图2-364

实例028　圆柱体、长方体制作酒吧桌

文件路径	第 2 章 \ 圆柱体、长方体制作酒吧桌
难易指数	★★★★★
技术掌握	● 圆柱体 ● 长方体

扫码深度学习

操作思路

本例通过使用【圆柱体】和【长方体】工具，并应用旋转等操作复制模型，制作出酒吧桌模型。

案例效果

案例效果如图2-365所示。

图2-365

🎤 操作步骤

01 执行【创建】|【几何体】|【圆柱体】命令，在【顶】视图中创建一个圆柱体，接着单击【修改】按钮 ，在【参数】卷展栏中设置【半径】为800.0mm、【高度】为80.0mm、【边数】为30，如图2-366所示。

图2-366

02 执行【创建】|【几何体】|【长方体】命令，在【前】视图中创建一个长方体模型，然后单击【修改】按钮 ，在【参数】卷展栏中设置【长度】为2500.0mm、【宽度】为80.0mm、【高度】为40.0mm，设置完成后将其移动到合适的位置，如图2-367所示。

图2-367

03 单击【选择并旋转】和【角度捕捉切换】按钮，将刚刚创建的长方体沿Y轴旋转15°，效果如图2-368所示。单击【层次】按钮 ，并单击【仅影响轴】按钮，将轴移动到中心的位置，如图2-369所示。接着再次单击【仅影响轴】按钮完成轴心的设置。

04 再次单击【选择并旋转】按钮，在【顶】视图中，按住Shift键并按住鼠标左键将长方体模型沿着Z轴旋转90°，如图2-370所示。旋转完成后释放鼠标，在弹出的【克隆选项】对话框中设置【对象】为【复制】，【副本数】为3，设置完成后单击【确定】按钮，效果如图2-371所示。

图2-368　　　　　　　图2-369

图2-370　　　　　　　图2-371

05 在【左】视图中创建一个长方体模型，然后单击【修改】按钮 ，在【参数】卷展栏中设置【长度】为620.0mm、【宽度】为40.0mm、【高度】为50.0mm，如图2-372所示。接着使用同样的方法继续在视图中创建长方体模型，最终效果如图2-373所示。

图2-372

图2-373

第3章

样条线建模

本章概述

  样条线建模是一种更为灵活的建模方式。样条线由于其灵活性、快速性，深受用户喜欢。使用样条线，可以创建出很多线性的模型，如凳子、椅子等。在【创建】面板中单击【图形】按钮，然后设置图形类型为【样条线】。本章共介绍12种样条线，分别是【线】、【矩形】、【圆】、【椭圆】、【弧】、【圆环】、【多边形】、【星形】、【文本】、【螺旋线】、【卵形】和【截面】。

本章重点

- 线工具的使用方法
- 线的编辑方法
- 使用样条线进行建模

实例029	样条线建模制作简约桌子	
文件路径	第3章\样条线建模制作简约桌子	
难易指数		
技术掌握	● 矩形 ● 【挤出】修改器 ● 复制	

操作思路

本例应用【矩形】工具创建矩形，并为其添加【挤出】修改器，从而制作出三维效果，最后通过复制制作完成。

案例效果

案例效果如图3-1所示。

图3-1

操作步骤

01 在【顶】视图中创建如图3-2所示的矩形，设置【长度】为1000.0mm、【宽度】为1600.0mm、【角半径】为3.0mm，如图3-3所示。

图3-2

图3-3

02 在【透视】视图中选择矩形，如图3-4所示，为其加载【挤出】修改器，设置【数量】为125.0mm，如图3-5所示。

图3-4   图3-5

03 在【左】视图中创建如图3-6所示的矩形，设置【长度】为400.0mm、【宽度】为800.0mm，如图3-7所示。

图3-6   图3-7

> **提示**
>
> **选中在渲染中、视口中启用的作用**
>
> 选中【在渲染中启用】复选框，表示在渲染时可以看到三维效果。
> 选中【在视口中启用】复选框，表示在3ds Max视图中可以看到三维效果。
> 若想制作三维效果，则需要选中这两个复选框。

04 展开【渲染】卷展栏，选中【在渲染中启用】和【在视口中启用】复选框，选中【矩形】单选按钮，设置【长度】为30.0mm、【宽度】为30.0mm，如图3-8所示。将模型移动到合适的位置，效果如图3-9所示。

图3-8   图3-9

05 在【透视】视图中选中模型，按住Shift键，沿X轴向右拖动复制，如图3-10所示。

图3-10

实例030　样条线建模制作弧形茶几

文件路径	第3章\样条线建模制作弧形茶几	
难易指数	☆☆☆☆☆	扫码深度学习
技术掌握	● 线 ● 矩形	

操作思路

本例应用【线】工具绘制线，并进行编辑线操作。最后使用【矩形】工具制作茶几腿部分。

案例效果

案例效果如图3-11所示。

图3-11

操作步骤

01　在【前】视图中创建如图3-12所示的线。

图3-12

创建垂直水平的线

在创建线时，按住Shift键的同时，单击鼠标左键，可创建垂直水平的线，如图3-13所示。

图3-13

02　进入【顶点】级别，选择如图3-14所示的顶点，设置【圆角】为15.0mm，如图3-15所示。效果如图3-16所示。

图3-14

图3-15

图3-16

03　展开【渲染】卷展栏，选中【在渲染中启用】和【在视口中启用】复选框，选中【矩形】单选按钮，设置【长度】为120.0mm、【宽度】为5.0mm，如图3-17所示。效果如图3-18所示。

图3-17

图3-18

04　在【左】视图中创建如图3-19所示的矩形，设置【长度】为5.0mm、【宽度】为10.0mm，如图3-20所示。

图3-19

图3-20

05 展开【渲染】卷展栏,选中【在渲染中启用】和【在视口中启用】复选框,选中【矩形】单选按钮,设置【长度】为8.0mm、【宽度】为5.0mm,如图3-21所示。效果如图3-22所示。

图3-21

图3-22

06 在【透视】视图中选择刚刚创建的模型,按住Shift键,拖动复制出3个模型,如图3-23和图3-24所示。

图3-23

图3-24

07 将复制出的3个模型移动到合适的位置,如图3-25所示。

图3-25

实例031	样条线建模制作角几
文件路径	第3章\样条线建模制作角几
难易指数	★★★★★
技术掌握	● 多边形 ● 圆 ● 【倒角】修改器 ● 阵列操作

🔍扫码深度学习

操作思路

本例通过使用【多边形】工具绘制多边形并添加【倒角】修改器制作桌面,使用【圆】工具绘制圆并加载【倒角】修改器,最后使用阵列操作复制出角几腿。

案例效果

案例效果如图3-26所示。

图3-26

操作步骤

01 在【顶】视图中创建如图3-27所示的多边形,设置【半径】为500.0mm,如图3-28所示。

图3-27

图3-28

02 在【透视】视图中选择多边形,为其加载【倒角】修改器,设置【级别1】的【高度】为30.0mm、【轮廓】为25.0mm;选中【级别2】复选框,设置【高度】为20.0mm、【轮廓】为5.0mm,如图3-29所示。效果如图3-30所示。

图3-29

图3-30

03 在【顶】视图中创建如图3-31所示的圆，设置【半径】为60.0mm，如图3-32所示。

图3-31

图3-32

04 为圆形加载【倒角】修改器，设置【起始轮廓】为-35.0mm，【级别1】的【高度】为950.0mm、【轮廓】为25.0mm，如图3-33所示。效果如图3-34所示。

图3-33

图3-34

05 在【前】视图中选择刚刚创建的模型，并沿Z轴向左旋转-20°，如图3-35所示。

图3-35

06 在【前】视图中选择刚刚创建的模型，如图3-36所示，进入【层次】面板，单击【仅影响轴】按钮，并在【顶】视图中将轴移动到中心，如图3-37所示。

图3-36   图3-37

07 在菜单栏中执行【工具】|【阵列】命令，如图3-38所示。在弹出的【阵列】对话框中单击【旋转】后面的 ▶ 按钮，设置Z轴为360°，设置1D为3，单击【确定】按钮，如图3-39所示。

图3-38

图3-39

08 此时模型创建完成，效果如图3-40所示。

图3-40

实例032 矩形和线制作书籍

文件路径	第3章\矩形和线制作书籍
难易指数	★★★★★
技术掌握	● 矩形 ● 可编辑样条线 ● 【挤出】修改器

🔍扫码深度学习

💡操作思路

本例通过使用【矩形】工具创建书内部纸张模型，使用【线】工具创建书封皮封底模型。

案例效果

案例效果如图3-41所示。

图3-41

操作步骤

01 单击【创建】➕|【图形】�'
|样条线 ▾ |矩形 按钮,
在【左】视图中绘制一个矩形,如
图3-42所示,并设置【长度】为
10.0mm、【宽度】为120.0mm,如
图3-43所示。

图3-42

图3-43

02 保持选择上一步创建的矩形,加
载【编辑样条线】修改器,进入
【顶点】级别∴,在【几何体】卷展栏
中单击【优化】按钮,如图3-44所示,
并在线上单击鼠标左键,即可添加一
个点,如图3-45所示。

图3-44

图3-45

03 选择工具栏中的【选择并移动】
工具➕,选择创建的点,单击
鼠标右键,在弹出的快捷菜单中选择
Bezier命令,如图3-46所示,然后调
节点的弧度,如图3-47所示。

图3-46

图3-47

04 进入【修改】面板🖊,为矩形加
载【挤出】修改器,并设置【数
量】为160mm、【分段】为1,如
图3-48所示,效果如图3-49所示。

图3-48

图3-49

05 单击【创建】➕|【图形】�'
|样条线 ▾ |线 按钮,
在【左】视图中绘制如图3-50所示的
形状。

图3-50

06 选择上一步创建的样条线,在
【渲染】卷展栏中选中【在渲染
中启用】和【在视口中启用】复选框,
激活【矩形】选项组,设置【长度】
为160.0mm、【宽度】为1.0mm,如
图3-51所示,效果如图3-52所示。

图3-51

图3-52

07 最终模型效果如图3-53所示。

图3-53

实例033 样条线建模制作螺旋吊灯

文件路径	第3章\样条线建模制作螺旋吊灯
难易指数	★★★★★
技术掌握	● 圆 ● 线 ● 阵列

扫码深度学习

操作思路

本例通过使用【圆】工具和【线】工具绘制图形，并应用阵列进行复制，制作出螺旋吊灯。

案例效果

案例效果如图3-54所示。

图3-54

操作步骤

01 在【顶】视图中创建如图3-55所示的圆，设置【半径】为500.0mm、【步数】为30.0mm；展开【渲染】卷展栏，选中【在渲染中启用】和【在视口中启用】复选框，选中【矩形】单选按钮，设置【长度】为20.0mm、【宽度】为20.0mm，如图3-56所示。

图3-55

图3-56

02 在【透视】视图中选择模型，按住Shift键等比缩放复制两个模型，如图3-57所示。将模型移动到合适的位置，如图3-58所示。

图3-57

图3-58

03 在【透视】视图中选择如图3-59所示的模型，沿Y轴向右旋转10°，如图3-60所示。

图3-59

图3-60

04 适当调整3个模型位置，如图3-61所示。

图3-61

05 在【前】视图中创建如图3-62所示的线。接着沿Z轴向右旋转-20°，如图3-63所示，并移动到合适的位置，如图3-64所示。

图3-62

图3-63

图3-64

06 展开【渲染】卷展栏，选中【在渲染中启用】和【在视口中启用】复选框，选中【径向】单选按钮，设置【厚度】为5.0mm，如图3-65所示。效果如图3-66所示。

07 进入【层次】级别，单击【仅影响轴】按钮，在【顶】视图中将轴移动到如图3-67所示的位置。在菜单栏中执行【工具】|【阵列】命令，如图3-68所示。

图3-65　　　　　图3-66

图3-71

图3-72

图3-67　　　　　图3-68

08 在弹出的【阵列】对话框中单击【旋转】后面的 > 按钮，设置Z轴为360°，设置1D为6，最后单击【确定】按钮，如图3-69所示，效果如图3-70所示。

图3-69

10 在【透视】视图中选择如图3-73所示的模型，沿X轴向右旋转180°，如图3-74所示。

图3-73

图3-74

11 将模型移动到合适的位置，模型创建完成，如图3-75所示。

图3-70

09 在【顶】视图中创建如图3-71所示的球体，设置【半径】为200.0mm、【半球】为0.8，如图3-72所示。

图3-75

实例034　样条线建模制作摆架桌

文件路径	第3章\样条线建模制作摆架桌
难易指数	★★★★★
技术掌握	● 矩形 ●【挤出】修改器 ● 复制

扫码深度学习

操作思路

本例通过使用【矩形】工具绘制矩形，添加【挤出】修改器制作三维效果，并进行复制操作。

案例效果

案例效果如图3-76所示。

图3-76

操作步骤

01 在【顶】视图中创建如图3-77所示的矩形，设置【长度】为500.0mm、【宽度】为1300.0mm、【角半径】为5.0mm，如图3-78所示。

图3-77

图3-78

02 为模型加载【挤出】修改器，设置【数量】为70.0mm，如图3-79所示。效果如图3-80所示。

图3-79

图3-80

03 在【前】视图中创建如图3-81所示的样条线，展开【渲染】卷展栏，选中【在渲染中启用】和【在视口中启用】复选框，选中【矩形】单选按钮，设置【长度】为500.0mm、【宽度】为1000.0mm、【步数】为30，如图3-82所示。效果如图3-83所示。

图3-81

图3-82

图3-83

04 在【透视】视图中选择如图3-84所示的模型，按住Shift键，拖动复制出3个模型，如图3-85所示，并将其移动到合适的位置，如图3-86所示。

图3-84

图3-85

图3-86

05 在【左】视图中创建如图3-87所示的矩形，为其加载【挤出】修改器，并设置【数量】为25.0mm，如图3-88所示。效果如图3-89所示。

图3-87

图3-88

图3-89

06 在【透视】视图中选择如图3-90所示的模型，按住Shift键，沿X轴向右拖动复制，如图3-91所示。

图3-90

图3-91

07 在【顶】视图中创建如图3-92所示的矩形，设置【长度】为380.0mm、【宽度】为635.0mm，如图3-93所示。

图3-92

图3-93

08 为模型加载【挤出】修改器，设置【数量】为50.0mm，如图3-94所示，效果如图3-95所示。

图3-94

图3-95

09 按住Shift键，沿Z轴向右拖动复制矩形，如图3-96所示。设置【宽度】为1100.0mm，如图3-97所示，效果如图3-98所示。

图3-96

图3-97

图3-98

10 选择如图3-99所示的模型，按住Shift键，沿Z轴向右拖动复制，如图3-100所示。将模型移动到合适的位置，如图3-101所示。

图3-99

图3-100

图3-101

11 按住Shift键，沿X轴向右拖动复制，如图3-102所示。选择如图3-103所示的模型，并设置【数量】为25.0mm，如图3-104所示。

图3-102

图3-103

图3-104

12 此时效果如图3-105所示。将模型移动到合适的位置，如图3-106所示。

图3-105

图3-106

13 接着按住Shift键，沿Y轴向下拖动复制模型，如图3-107所示。设置【长度】为25.0mm，设置挤出的【数量】为70.0mm，如图3-108所示。再次按住Shift键，沿Y轴向左拖动复制，如图3-109所示。

图3-107

图3-108

图3-109

14 模型创建完成，效果如图3-110所示。

图3-110

实例035	样条线建模制作欧式餐桌
文件路径	第3章\样条线建模制作欧式餐桌
难易指数	★★★★★
技术掌握	● 圆形 ● 【挤出】修改器 ● 【倒角】修改器 ● 【车削】修改器 ● 阵列

🔍扫码深度学习

💡 **操作思路**

本例通过创建圆形，并应用【挤出】、【倒角】和【车削】修改器以及阵列操作制作出欧式餐桌模型。

📖 **案例效果**

案例效果如图3-111所示。

图3-111

🎤 **操作步骤**

01 在【顶】视图中创建如图3-112所示的圆形，设置【半径】为200.0mm，如图3-113所示。

图3-112

图3-113

02 为圆形加载【挤出】修改器，设置【数量】为20.0mm，如图3-114所示。效果如图3-115所示。

图3-114

图3-115

03 在【顶】视图中创建如图3-116所示的圆形，设置【半径】为230.0mm，如图3-117所示。

图3-116

图3-117

04 为圆形加载【倒角】修改器，设置【起始轮廓】为–10.0mm，设置【级别1】的【高度】为5.0mm、【轮廓】为–5.0mm；选中【级别2】复选框，设置【高度】为2.0mm、【轮廓】为–2.0mm，如图3-118所示。效果如图3-119所示。

图3-118

图3-119

05 在【前】视图中创建如图3-120所示的样条线，为其加载【车削】修改器，单击Y按钮和【最大】按钮，如图3-121所示。

06 在【左】视图中创建如图3-122所示的样条线，为其加载【挤出】修改器，设置【数量】为20.0mm，如图3-123所示。

图3-120

图3-121　　　　图3-122

图3-123

07 在【顶】视图中选择如图3-124所示的模型，进入【层次】面板，单击【仅影响轴】按钮，将轴移到中心，设置完成后，再次单击【仅影响轴】按钮，完成针对轴心的设置，如图3-125所示。

图3-124　　　　图3-125

08 在菜单栏中执行【工具】|【阵列】命令，如图3-126所示，在弹出的【阵列】对话框中单击【旋转】后面的按钮，并设置Z轴为360°，设置1D为4，单击【确定】按钮，如图3-127所示。

图3-126

图3-127

09 模型创建完成，效果如图3-128所示。

图3-128

实例036　样条线建模制作方形茶几

文件路径	第3章\样条线建模制作方形茶几
难易指数	★★★★★
技术掌握	● 矩形 ● 【挤出】修改器 ● 镜像 ● 复制

扫码深度学习

操作思路

　　本例通过创建矩形，并应用【挤出】修改器、镜像、复制等操作制作出方形茶几模型。

案例效果

　　案例效果如图3-129所示。

图3-129

操作步骤

01 在【顶】视图中创建如图3-130所示的矩形，设置【长度】为1500.0mm、【宽度】为1000.0mm、【角半径】为10.0mm，如图3-131所示。

图3-130

图3-131

02 在【透视】视图中选择矩形，如图3-132所示，为其加载【挤出】修改器，设置【数量】为30.0mm，如图3-133所示。

图3-132

图3-133

03 在【顶】视图中创建如图3-134所示的矩形，设置【长度】为1500.0mm、【宽度】为30.0mm、【角半径】为1.0mm，如图3-135所示。

图3-134

图3-135

04 为其加载【挤出】修改器，设置【数量】为30.0mm，如图3-136所示，效果如图3-137所示。

图3-136

图3-137

05 在【顶】视图中创建如图3-138所示的矩形，设置【长度】为30.0mm、【宽度】为1000.0mm、【角半径】为1.0mm，如图3-139所示。

图3-138

图3-139

06 为其加载【挤出】修改器，设置【数量】为30.0mm，如图3-140所示，效果如图3-141所示。

图3-140

图3-141

07 在【顶】视图中选择如图3-142所示的模型,单击【镜像】按钮![图标],在弹出的【镜像:世界 坐标】对话框中选择XY和【复制】选项,最后单击【确定】按钮,如图3-143所示。效果如图3-144所示。

图3-142

图3-143

图3-144

08 再将模型移动到合适的位置,如图3-145所示。

图3-145

09 在【透视】视图中选择如图3-146所示的模型,将模型移动到合适的位置,如图3-147所示。

图3-146

图3-147

10 在【左】视图中创建如图3-148所示的矩形,设置【长度】为600.0mm、【宽度】30.0mm、【角半径】为1.0mm,如图3-149所示。

图3-148

参数
长度: 600.0mm
宽度: 30.0mm
角半径: 1.0mm

图3-149

11 为其加载【挤出】修改器,设置【数量】为30.0mm,如图3-150所示。效果如图3-151所示。

Rectangle009
修改器列表
挤出
Rectangle

参数
数量: 30.0mm
分段: 1

图3-150

图3-151

12 按住Shift键,再拖动复制出3个模型,如图3-152所示。将模型移动到合适的位置,如图3-153所示。

图3-152

图3-153

13 在【透视】视图中选择如图3-154所示的模型,按住Shift键,沿Z轴向下拖动复制。

图3-154

实例037 样条线建模制作圆形茶几

文件路径	第3章\样条线建模制作圆形茶几
难易指数	⭐⭐⭐⭐⭐
技术掌握	● 圆 ● 星形 ● 【挤出】修改器

🔲 扫码深度学习

🔅操作思路

本例通过创建圆、星形，并应用【挤出】修改器、复制操作制作出圆形茶几模型。

🖱案例效果

案例效果如图3-155所示。

图3-155

🎤操作步骤

01 在【顶】视图中创建如图3-156所示的圆，选中【在渲染中启用】和【在视口中启用】复选框，并设置【厚度】为5.0mm、【步数】为30、【半径】为100.0mm，如图3-157所示。

图3-156

图3-157

02 在【顶】视图中创建如图3-158所示的圆，选中【在渲染中启用】和【在视口中启用】复选框，并设置【厚度】为5.0mm、【步数】为30、【半径】为80.0mm，如图3-159所示。

图3-158

图3-159

03 选中刚刚创建的圆形，并在【前】视图中沿Y轴向上移动，如图3-160所示。

图3-160

04 在菜单栏中执行【创建】|【图形】|【星形】命令，在【顶】视图中选择如图3-161所示的星形，设置【半径1】为100.0mm、【半径2】为80.0mm、【点】为12，如图3-162所示。

图3-161

图3-162

05 在【透视】视图中将星形转换为可编辑多边形，进入【顶点】级别，选择如图3-163所示的顶点，并将顶点沿Y轴移动到如图3-164所示的位置。

图3-163

图3-164

06 展开【渲染】卷展栏，选中【在渲染中启用】和【在视口中启用】复选框，设置【厚度】为1.0mm、【边】为15，如图3-165所示。效果如图3-166所示。

图3-165

图3-166

07在【透视】视图中选择如图3-167所示的模型，按住Shift键，沿Y轴向上拖动复制，如图3-168所示。

图3-167

图3-168

08将复制出的模型【半径】设置为83.0mm，如图3-169所示。并为其加载【挤出】修改器，设置【数量】为8.0mm，如图3-170所示。

图3-169

图3-170

09将模型换成适当的颜色，此时模型创建完成，如图3-171所示。

图3-171

实例038　样条线建模制作高脚椅

文件路径	第3章\样条线建模制作高脚椅
难易指数	★★★★★
技术掌握	● 多边形 ● 圆 ● 【挤出】修改器

扫码深度学习

操作思路

本例通过创建多边形、圆，并应用【挤出】修改器、复制等操作制作出高脚凳模型。

案例效果

案例效果如图3-172所示。

图3-172

操作步骤

01在【顶】视图中创建如图3-173所示的多边形，设置【半径】为100.0mm、【边数】为8、【角半径】为25.0mm，如图3-174所示。

图3-173

图3-174

02为多边形加载可编辑样条线，如图3-175所示。

图3-175

03在【透视】视图中选择如图3-176所示的点，接着沿Z轴向上拖动，如图3-177所示。

图3-176

04选择如图3-178所示的点，并将其移动到如图3-179所示的位置。效果如图3-180所示。

图3-177

图3-178

图3-179

图3-180

05 展开【渲染】卷展栏，选中【在渲染中启用】和【在视口中启用】复选框，设置【厚度】为8.0mm，如图3-181所示。效果如图3-182所示。

图3-181

图3-182

06 在【顶】视图中创建如图3-183所示的圆，设置【半径】为110.0mm，如图3-184所示。

图3-183

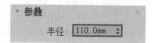

参数

半径：110.0mm

图3-184

07 为其加载【挤出】修改器，设置【数量】为20.0mm，如图3-185所示。效果如图3-186所示。

Circle002
修改器列表
挤出

参数

数量：20.0mm
分段：1

图3-185

图3-186

08 在【顶】视图中创建如图3-187所示的圆，设置【半径】为135.0mm，如图3-188所示。

图3-187

参数

半径：135.0mm

图3-188

09 展开【渲染】卷展栏，选中【在渲染中启用】和【在视口中启用】复选框，设置【厚度】为8.0mm，如图3-189所示。效果如图3-190所示。

渲染
在渲染中启用
在视口中启用
使用视口设置
生成贴图坐标
真实世界贴图大小

视口 ● 渲染
● 径向
厚度：8.0mm
边：12
角度：0.0

图3-189

图3-190

10 在【顶】视图中创建如图3-191所示的圆，设置【半径】为5.0mm，如图3-192所示。

图3-191

参数

半径：5.0mm

图3-192

11 为其加载【挤出】修改器，设置【数量】为5.0mm，如图3-193所示。效果如图3-194所示。

Circle005
修改器列表
挤出

参数

数量：5.0mm
分段：1

图3-193

图3-194

12 按住Shift键，再将其拖动复制出3个模型，如图3-195所示。将这3个模型分别移动到合适的位置，此时模型创建完成，如图3-196所示。

图3-195

图3-196

实例039　样条线建模制作落地灯

文件路径	第3章\样条线建模制作落地灯
难易指数	★★★★★
技术掌握	● 圆环 ● 圆 ● 【挤出】修改器 ● 阵列

⌕扫码深度学习

💡操作思路

本例通过创建圆环、圆，并应用【挤出】修改器、阵列操作制作出落地灯模型。

🖱案例效果

案例效果如图3-197所示。

图3-197

📽操作步骤

01 在【顶】视图中创建如图3-198所示的圆环，设置【半径1】为100.0mm、【半径2】为97.0mm，如图3-199所示。

图3-198

半径 1: 100.0mm
半径 2: 97.0mm

图3-199

02 为圆环加载【挤出】修改器，设置【数量】为120.0mm，如图3-200所示。效果如图3-201所示。

图3-200

图3-201

03 在【顶】视图中创建如图3-202所示的圆，设置【半径】为100.0mm，如图3-203所示。

图3-202

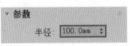

半径: 100.0mm

图3-203

04 为圆加载【挤出】修改器，设置【数量】为5.0mm，如图3-204所示。效果如图3-205所示。

图3-204

图3-205

05 将模型移动到合适的位置，如图3-206所示。再次在【顶】视图中创建一个圆，设置【半径】为15.00mm，为圆加载【挤出】修改器，设置【数量】为15.0mm，如图3-207所示。效果如图3-208所示。

图3-206

图3-207

图3-208

06 在【前】视图中选择如图3-209所示的模型，按住Shift键，沿Z轴向上拖动复制，如图3-210所示。

图3-209

图3-210

07 选择复制的模型，删除【挤出】修改器，在【渲染】卷展栏中选中【在渲染中启用】和【在视口中启用】复选框，设置【厚度】为2.0mm、【步数】为30，如图3-211所示。效果如图3-212所示。

08 在【前】视图中创建如图3-213所示的线，在【渲染】卷展栏中选中【在渲染中启用】和【在视口中启用】复选框，设置【厚度】为10.0mm，如图3-214所示。

图3-211

图3-212

图3-213

图3-214

09 在【前】视图中将创建的模型方向旋转-15°，如图3-215所示。将模型移动到合适的位置，如图3-216所示。

图3-215

图3-216

10 进入【层级】面板，单击【仅影响轴】按钮，在【顶】视图中将轴移动到如图3-217所示的位置，再次单击【仅影响轴】按钮，完成针对轴心的设置。在菜单栏中执行【工具】|【阵列】命令，如图3-218所示。

图3-217

图3-218

11 在弹出的【阵列】对话框中单击【旋转】后面的 > 按钮，设置Z轴为360°，设置1D为3，单击【确定】按钮，如图3-219所示。

图3-219

12 此时模型创建完成，效果如图3-220所示。

图3-220

实例040	样条线建模制作铁架茶几
文件路径	第3章\样条线建模制作铁架茶几
难易指数	★★★★★
技术掌握	● 多边形 ● 【倒角】修改器 ● 阵列

扫码深度学习

🔆 操作思路

　　本例通过创建多边形，并应用【倒角】修改器制作出茶几面模型，继续创建多边形并进行编辑操作，最后使用【阵列】命令制作出铁架茶几模型。

案例效果

　　案例效果如图3-221所示。

图3-221

🎙 操作步骤

01 在【顶】视图中创建如图3-222所示的多边形，设置【半径】为1000.0mm、【边数】为8，如图3-223所示。

图3-222

图3-223

02 在【顶】视图中选择模型，沿Z轴向右旋转-22.5°，如图3-224所示。

图3-224

03 展开【渲染】卷展栏，选中【在渲染中启用】和【在视口中启用】复选框，选中【矩形】单选按钮，设置【长度】为50.0mm、【宽度】为20.0mm，如图3-225所示。效果如图3-226所示。

图3-225

图3-226

04 在【透视】视图中选择如图3-227所示的模型，按住Shift键，沿Z轴向上拖动复制，取消选中【在渲染中启用】和【在视口中启用】复选框，效果如图3-228所示。

图3-227

图3-228

05 接着为模型加载【倒角】修改器，设置【级别1】的【高度】为20.0mm、【轮廓】为-15.0mm，如图3-229所示，效果如图3-230所示。将模型适当调整并移动到合适的位置，如图3-231所示。

图3-229

图3-230

图3-231

06 在【左】视图中创建如图3-232所示的多边形，单击鼠标右键，执行【转换为可编辑样条线】命令，如图3-233所示。

图3-232

图3-233

07 进入【顶点】级别，选择如图3-234所示的顶点，单击鼠标右键，执行【平滑】命令，如图3-235所示。

图3-234

图3-235

08 此时效果如图3-236所示。接着将点沿Y轴向上移动，如图3-237所示。

图3-236

图3-237

09 展开【渲染】卷展栏，选中【在渲染中启用】和【在视口中启用】复选框，选中【径向】单选按钮，设置【厚度】为30.0mm、【步数】为40，如图3-238所示。将模型移动到合适的位置，效果如图3-239所示。

图3-238

图3-239

10 在【透视】视图中将模型沿Z轴方向旋转-22.5°，如图3-240所示。效果如图3-241所示。

图3-240

图3-241

11 进入【层次】面板 ▣，单击【仅影响轴】按钮，在
【顶】视图中将轴移到如图3-242所示的位置，再次单
击【仅影响轴】按钮，完成针对中心的设置。在菜单栏中
执行【工具】|【阵列】命令，如图3-243所示。

图3-242

图3-243

12 在弹出的【阵列】对话框中单击【旋转】后面的 > 按
钮，设置Z轴为360°，设置1D为8，单击【确定】按
钮，如图3-244所示。效果如图3-245所示。

图3-244

图3-245

13 接着适当调整模型，如图3-246所示。

图3-246

14 在【透视】视图中选择如图3-247所示的模型，沿Z轴
向下拖动复制，如图3-248所示。

图3-247

图3-248

15 接着展开【渲染】卷展栏，选中【径向】单选按钮，设置
【厚度】为30.0mm，如图3-249所示。将模型移动到合
适的位置，效果如图3-250所示。

图3-249

图3-250

实例041 样条线建模制作弧形落地灯

文件路径	第3章\样条线建模制作弧形落地灯
难易指数	★★★★★
技术掌握	● 线 ● 圆柱体

扫码深度学习

操作思路

本例通过创建圆柱体和线，以及编辑线操作，来制作弧形落地灯。

案例效果

案例效果如图3-251所示。

图3-251

操作步骤

01 执行【创建】|【几何体】|【圆柱体】命令，在视图中创建一个圆柱体，接着设置【半径】为250.0mm，【高度】为100.0mm，如图3-252所示。

图3-252

02 执行【创建】|【图形】|【线】命令，在【前】视图中单击鼠标左键，接着按住Shift键绘制样条线。绘制完成后，选中【在渲染中启用】和【在视口中启用】复选框，选中【径向】单选按钮，设置【厚度】为50.0mm，如图3-253所示。

03 继续在【前】视图中绘制线条，接着选中【在渲染中启用】和【在视口中启用】复选框，选中【径向】单选按钮，设置【厚度】为25.5mm，如图3-254所示。

图3-253

图3-254

04 再次创建一个圆柱体，设置【半径】为90.0mm、【高度】为30.0mm，如图3-255所示。

图3-255

05 再次创建一个圆柱体，设置【半径】为250.0mm、【高度】为200.0mm、如图3-256所示。

图3-256

实例042	样条线建模制作中式置物架
文件路径	第3章\样条线建模制作中式置物架
难易指数	★★★★★
技术掌握	● 线 ● 镜像

操作思路

本例通过创建线，并使用镜像操作制作中式置物架。

案例效果

案例效果如图3-357所示。

图3-257

图3-258

图3-259

图3-260

操作步骤

01 执行【创建】|【图形】|【线】命令，在【前】视图中创建如图3-258所示的样条线。创建完成后选中【在渲染中启用】和【在视口中启用】复选框，选中【矩形】单选按钮，设置【长度】为1400.0mm，【宽度】为120.0mm，如图3-259所示。

02 选择创建的样条线，单击【镜像】按钮，在弹出的【镜像：屏幕 坐标】对话框中设置【镜像轴】为X，【克隆当前选择】为【复制】，如图3-260所示。接着在【透视】视图中选择镜像复制出的样条线，将其沿X轴向左平移，效果如图3-261所示。

图3-261

03 再次在【前】视图中创建样条线，如图3-262所示。接着选中【在渲染中启用】和【在视口中启用】复选框，选中【矩形】单选按钮，设置【长度】为1400.0mm，【宽度】为100.0mm，如图3-263所示。

图3-262

图3-263

04 选择创建的样条线，单击【镜像】按钮，在弹出的【镜像：屏幕 坐标】窗口中设置【镜像轴】为X，【克隆当前选择】为【复制】，如图3-264所示。接着在【透视】视图中选择镜像复制出的样条线，将其沿X轴向左平移，案例效果如图3-265所示。

图3-264

图3-265

第4章

修改器建模

本章概述

修改器建模是非常特殊的建模方式，它可以通过对二维图形或三维模型添加相应的修改器，使二维图形变为三维模型或使三维模型产生特殊的外观变化。本章将通过案例重点对常用的几种修改器进行讲解。

本章重点

- 二维图形相应修改器的使用方法
- 三维模型相应修改器的使用方法

实例043 扭曲修改器制作 扭曲花瓶

文件路径	第4章\扭曲修改器制作扭曲花瓶
难易指数	★★★★★
技术掌握	● 线 ● 【车削】修改器 ● 【扭曲】修改器 ● 【网格平滑】修改器

扫码深度学习

操作思路

本例应用【线】工具绘制线，并为其添加【车削】修改器、【扭曲】修改器、【网格平滑】修改器制作扭曲花瓶模型。

案例效果

案例效果如图4-1所示。

图4-1

操作步骤

01 利用【线】工具在【前】视图中绘制一条线，如图4-2所示。

图4-2

02 单击【修改】按钮，进入Line下的【样条线】级别，将【轮廓】设置为3.0mm，按Enter键结束设置，如图4-3所示。

图4-3

03 单击【修改】按钮，进入Line下的【线段】级别，删除如图4-4所示线段。

图4-4

04 选择上一步中的样条线，为其加载【车削】修改器，单击【最大】按钮，设置【分段】为50，如图4-5所示。

图4-5

05 保持选择上一步中的模型，为其加载【扭曲】修改器，设置【角度】为800.0、【偏移】为－30.0，【扭曲轴】选择Y，选中【限制效果】复选框，设置【上限】为200.0mm、【下限】为10.0mm，如图4-6所示。

图4-6

06 再为其加载【网格平滑】修改器，设置【迭代次数】为2，如图4-7所示。

图4-7

07 按照以上方法做出其他花瓶模型，最终模型效果如图4-8所示。

图4-8

实例044　FFD修改器制作创意椅子

文件路径	第 4 章 \ FFD 修改器制作创意椅子
难易指数	
技术掌握	●【挤出】修改器 ● FFD 修改器

扫码深度学习

操作思路

本例应用【线】工具绘制线，并为其添加【挤出】修改器制作三维模型，然后添加FFD修改器制作出椅子的凹凸效果。

案例效果

案例效果如图4-9所示。

图4-9

操作步骤

01 使用【线】工具在【左】视图中创建一条样条线，如图4-10所示。

图4-10

02 选择创建的线，并为其添加【挤出】修改器，设置【数量】为550.0mm、【分段】为29，如图4-11所示。模型效果如图4-12所示。

图4-11

图4-12

03 选择模型，为其加载ＦＦＤ４×４×４修改器，如图4-13所示。进入【控制点】级别，并将控制点的位置进行调整，效果如图4-14所示。

图4-13

图4-14

04 单击【修改】按钮，为其加载【编辑多边形】修改器，如图4-15所示，进入【顶点】级别，如图4-16所示。对部分顶点进行适当的调整，如图4-17所示。

图4-15　　　　　图4-16

图4-17

05 单击【修改】按钮，为模型加载【壳】修改器，设置【外部量】为15.0mm，如图4-18所示。模型效果如图4-19所示。

图4-18　　　　　　图4-19

06 单击【修改】按钮，为模型加载【编辑多边形】修改器，进入【顶点】级别，如图4-20所示。

07 对顶点的位置进行适当的调整，如图4-21所示。

图4-20　　　　　　图4-21

08 单击【修改】按钮，并为模型加载【网格平滑】修改器，设置【迭代次数】为2，如图4-22所示。

09 此时模型效果如图4-23所示。

图4-22　　　　　　图4-23

10 单击【修改】按钮，进入【顶点】级别，如图4-24所示。

11 此时对部分顶点进行位置的调整，如图4-25所示。

图4-24　　　　　　　　　　图4-25

12 最终模型效果如图4-26所示。

图4-26

实例045	晶格修改器制作水晶大吊灯	
文件路径	第4章\晶格修改器制作水晶大吊灯	
难易指数	★★★★★	
技术掌握	● 切角圆柱体 ● 【晶格】修改器 ● 【挤出】修改器	扫码深度学习

操作思路

　　本例使用【晶格】、【挤出】修改器来完成模型的制作，使用【晶格】工具在【晶格】修改器上进行相应的参数设置，便能更改螺旋线的造型，制作出各种各样的形状。

案例效果

　　案例效果如图4-27所示。

图4-27

操作步骤

01 单击 螺旋线 按钮，在【前】视图中创建一条螺旋线，设置【半径1】为500.0mm、【半径2】为500.0mm、【高度】为4000.0mm、【圈数】为5，如图4-28所示。

图4-28

02 选择创建的螺旋线，为其加载【挤出】修改器，如图4-29所示。在【修改】面板下展开的【参数】卷展栏下设置【数量】为800.0mm，如图4-30所示。

图4-29

图4-30

03 选择模型，为其加载【晶格】修改器，如图4-31所示。在【修改】面板下展开【参数】卷展栏，在【支柱】选项组下设置【半径】为10.0mm，在【节点】选项组下设置【半径】为0.0mm，如图4-32所示。

73

图4-31

图4-32

⎡04⎤ 单击 ▇▇螺旋线 按钮，在【前】视图中创建一条螺旋线，设置【半径1】为500.0mm，【半径2】为500.0mm，【高度】为4000.0mm，【圈数】为5.0，如图4-33所示。

图4-33

⎡05⎤ 选择上一步的模型，为其加载【晶格】修改器，在【修改】面板下展开【参数】卷展栏，在【支柱】选项组设置【半径】为20.0mm，在【节点】选项组设置【半径】为50.0mm，如图4-34所示。

图4-34

⎡06⎤ 最终模型效果，如图4-35所示。

图4-35

实例046　车削修改器制作台灯

文件路径	第4章\车削修改器制作台灯
难易指数	★★★★★
技术掌握	● 线 ● 【车削】修改器

🔍扫码深度学习

💡**操作思路**

　　本例通过绘制台灯的轮廓，来使用【车削】命令进行制作，形成立体的台灯模型。

🖱**案例效果**

　　案例效果如图4-36所示。

图4-36

数】为360.0,【分段】为32,如图4-40所示。

图4-40

操作步骤

01 单击【创建】 ➕ |【图形】 🔗 | 样条线 ▼ | 线 按钮,在【前】视图中创建如图4-37所示的样条线。

图4-37

> **提示** **技巧提示:视口的选择**
>
> 使用线绘制模型的时候怎么选择?我们可以根据模型的形态,例如侧面轮廓比较明显的时候,我们选择【前】视图。上下造型比较凸出的时候可以选择【顶】视图进行绘制。

02 选择创建的红色图形,在【修改】面板下加载【车削】修改器,如图4-38所示。接着展开【参数】卷展栏,设置【度数】为360.0,【分段】为32,如图4-39所示。

图4-38

图4-39

03 选择下面的图形,然后在【修改】面板下加载【车削】修改器,接着展开【参数】卷展栏,设置【度

04 最终模型效果如图4-41所示。

图4-41

实例047　弯曲修改器制作弯曲管道

文件路径	第4章\弯曲修改器制作弯曲管道
难易指数	⭐⭐⭐⭐⭐
技术掌握	● 【挤出】修改器 ● 【弯曲】修改器 ● 镜像

🔍扫码深度学习

操作思路

本例通过使用标准基本体下的【管状体】来完成模型的制作。

案例效果

案例效果如图4-42所示。

图4-42

操作步骤

01 单击【创建】➕ |【几何体】● |【管状体】按钮，在【顶】视图中拖曳创建一个管状体，设置【半径1】为10.0mm、【半径2】为15.0mm、【半径3】为90.0mm、【高度分段】为30、【端面分段】为1、边数为50，如图4-43所示。

图4-43

02 选择创建的管状体，为其加载【弯曲】修改器，如图4-44所示，设置【角度】为89.5，如图4-45所示。

图4-44

图4-45

03 最终弯曲管道模型效果如图4-46所示。

图4-46

实例048　倒角剖面修改器制作三维文字

文件路径	第4章\倒角剖面修改器制作三维文字
难易指数	⭐⭐⭐⭐⭐
技术掌握	● 文本 ●【倒角剖面】修改器

扫码深度学习

操作思路

本例为文本添加【倒角剖面】修改器，最后拾取线，制作出三维文字效果。

案例效果

案例效果如图4-47所示。

图4-47

操作步骤

01 使用【文本】工具在【前】视图中创建一组文字，如图4-48所示。

02 单击【修改】按钮，输入"Logo"，设置合适的字体类型，设置字体【大小】为2540.0mm，如图4-49所示。

图4-48

图4-49

03 使用【线】工具在【左】视图中绘制一条闭合的线，如图4-50所示。

76

图4-50

04 选择文本,单击【修改】按钮![icon],添加【倒角剖面】修改器,然后添加【拾取剖面】修改器,最后单击刚才闭合的线,如图4-51所示。

图4-51

05 最终模型效果如图4-52所示。

图4-52

实例049　FFD修改器制作吊灯

文件路径	第4章\FFD修改器制作吊灯
难易指数	★★★★★
技术掌握	● 阵列 ● FFD修改器

扫码深度学习

操作思路

本例绘制线,并使用阵列操作、为模型添加FFD修改器制作吊灯模型。

案例效果

案例效果如图4-53所示。

图4-53

操作步骤

01 单击【创建】![icon] |【图形】![icon] |【样条线】 ▼ |【线】 按钮,在【前】视图中创建如图4-54所示的样条线。

图4-54

02 接着在【修改】面板下展开【渲染】卷展栏,选中【在渲染中启用】和【在视口中启用】复选框,选中【矩形】单选按钮,设置【长度】为80.0mm、【宽度】为20.0mm,如图4-55所示。

03 选择模型并单击右键,在弹出的快捷菜单中选择【转换为】|【转换为可编辑多边形】命令,如图4-56所示。

04 选择模型,进入【边】级别![icon],选择如图4-57所示的边。然后单击![连接]按钮后面的【设置】按钮![icon],并设置【分段】为40,如图4-58所示。

05 单击 |【仅影响轴】按钮,将坐标移到如图4-59所示的位置。

77

图4-55

图4-56

图4-57

图4-58

图4-59

06 选择菜单栏的【工具】|【阵列】命令，如图4-60 所示。

图4-60

07 在打开的【阵列】对话框中单击【预览】按钮，然后单击【旋转】后面的 ＞ 按钮，设置Z轴为360度，设置 1D为34，最后单击【确定】按钮，如图4-61所示。效果 如图4-62所示。

图4-61

图4-62

08 选择所有的模型，为其加载【FFD（圆柱体）】修改器。在【FFD参数】卷展栏下单击【设置点数】按钮，并设置【侧面】为6、【径向】为4、【高度】为7；接着进入【控制点】级别，调整点的位置，如图4-63所示。

图4-63

09 单击【创建】 ➕ |【几何体】 ● | 圆柱体 按钮，在【顶】视图中创建一个圆柱体，接着在【修改】面板下设置【半径】为30.0mm、【高度】为2000.0mm，如图4-64所示。

图4-64

10 最终模型效果如图4-65所示。

图4-65

第5章

多边形建模

本章概述

多边形建模是3ds Max中最复杂的建模方式之一，其强大的功能深受用户喜爱。将模型转换为可编辑多边形，并对顶点、边、多边形、边界、几何体等元素进行编辑操作，可将模型制作得更细致。多边形建模常应用室内外设计中模型的制作，如建筑、家具、灯具、墙体、饰品等模型。

本章重点

- 将模型转换为可编辑多边形
- 多边形建模中工具的应用
- 应用多边形建模制作多种模型

实例050	多边形建模制作简易桌子
文件路径	第5章 \ 多边形建模制作简易桌子
难易指数	★★★★★
技术掌握	多边形建模

扫码深度学习

操作思路

本例通过将切角长方体转换为可编辑多边形，并进行编辑操作制作出桌腿，再结合几何体模型制作完成桌子。

案例效果

案例效果如图5-1所示。

图5-1

操作步骤

01 在【顶】视图中创建如图5-2所示的切角长方体，设置【长度】为1000.0mm、【宽度】为2000.0mm、【高度】为100.0mm、【圆角】为3.0mm、【圆角分段】为15，如图5-3所示。

图5-2

图5-3

02 在【顶】视图中创建如图5-4所示的切角长方体，设置【长度】为950.0mm、【宽度】为1950.0mm、【高度】为50.0mm、【圆角】为3.0mm、【圆角分段】为15，如图5-5所示。

图5-4

图5-5

03 在【前】视图中创建如图5-6所示的长方体，设置【长度】为1500.0mm、【宽度】为50.0mm、【高度】为50.0mm，如图5-7所示。

图5-6

图5-7

04 选中模型，并将模型转换为可编辑多边形，如图5-8所示。

图5-8

05 进入【边】级别，选择如图5-9所示的边。单击【连接】后面的【设置】按钮，设置【分段】为1、【滑块】为-95，如图5-10所示。

图5-9

图5-10

06 进入【多边形】级别，选择如图5-11所示的多边形。单击【挤出】后面的【设置】按钮，设置【高度】为160.0mm，如图5-12所示。

图5-11

图5-12

07 进入【边】级别，选择如图5-13所示的边。单击【连接】后面的【设置】按钮，设置【分段】为1、【滑块】为55，如图5-14所示。

图5-13

图5-14

08 进入【多边形】级别，选择多边形，单击【挤出】后面的【设置】按钮，设置【高度】为160.0mm，如图5-15所示。

图5-15

09 进入【边】级别，选择如图5-16所示的边。单击【连接】后面的【设置】按钮，设置【分段】为1、【滑块】为40，如图5-17所示。

图5-16

图5-17

10 进入【多边形】级别，选择如图5-18所示的多边形。单击【挤出】后面的【设置】按钮，设置【高度】为1462.5mm，如图5-19所示。

图5-18

图5-19

11 将模型移动到合适的位置，如图5-20所示。按住Shift键，将其复制出3个模型，再将其适当地调整后移动到合适的位置，如图5-21所示。效果如图5-22所示。

图5-20

图5-21

图5-22

12 在【左】视图中创建如图5-23所示的长方体，设置【长度】为50.0mm，【宽度】为815.0mm、【高度】为50.0mm，如图5-24所示。

图5-23

图5-24

13 在【顶】视图中选择如图5-25所示的模型，按住Shift键，拖动复制到如图5-26所示效果。

图5-25

图5-26

14 在【顶】视图中选择如图5-27所示的模型，设置【长度】为

50.0mm、【宽度】为1505.0mm、【高度】为50.0mm，如图5-28所示。

图5-27

图5-28

15 此时模型创建完成，效果如图5-29所示。

图5-29

实例051	多边形建模制作方形茶几
文件路径	第5章\多边形建模制作方形茶几
难易指数	⭐⭐⭐⭐⭐
技术掌握	多边形建模

🔍扫码深度学习

💡操作思路

　　本例通过将模型转换为可编辑多边形，并进行编辑操作制作出方形茶几模型。

🖱案例效果

　　案例效果如图5-30所示。

图5-30

🎤操作步骤

01 在【顶】视图中创建如图5-31所示的长方体，设置【长度】为800.0mm、【宽度】为1300.0mm、【高度】为100.0mm，如图5-32所示。

图5-31

图5-32

02 在【前】视图中选择长方体，按住Shift键，沿Y轴向下拖动复制，如图5-33所示。设置【高度】为35.0mm，如图5-34所示。

图5-33

图5-34

03 将复制的模型移动到合适位置，如图5-35所示。将模型转换为可

编辑多边形，如图5-36所示。

图5-35

图5-36

04 进入【边】级别◁，选择如图5-37所示的边。单击【连接】后面的【设置】按钮□，设置【分段】为2、【收缩】为85，如图5-38所示。

图5-37

图5-38

05 选择如图5-39所示的边，单击【连接】后面的【设置】按钮□，设置【分段】为2、【收缩】为90，如图5-40所示。

图5-39

图5-40

06 进入【多边形】级别■，选择如图5-41所示的多边形。单击【挤出】后面的【设置】按钮□，设置【高度】为450.0mm，如图5-42所示。

图5-41

图5-42

07 进入【边】级别，选择如图5-43所示的边。单击【连接】后面的【设置】按钮□，设置【分段】为1、【滑块】为80，如图5-44所示。

图5-43

图5-44

08 进入【多边形】级别■，选择如图5-45所示的多边形。单击【挤出】后面的【设置】按钮□，设置【高度】为1195.0mm，如图5-46所示。

图5-45

图5-46

09 选择如图5-47所示的多边形，单击【挤出】后面的【设置】按钮□，设置【高度】为703.0mm，如图5-48所示。

图5-47

图5-48

10 此时模型创建完成，效果如图5-49所示。

图5-49

实例052	多边形建模制作双层茶几
文件路径	第5章\多边形建模制作双层茶几
难易指数	★★★★★
技术掌握	多边形建模

扫码深度学习

操作思路

本例通过将模型转换为可编辑多边形，并进行编辑操作制作出双层茶几模型。

案例效果

案例效果如图5-50所示。

图5-50

操作步骤

01 在【顶】视图中创建如图5-51所示的长方体，设置【长度】为800.0mm、【宽度】为1500.0mm、【高度】为80.0mm，如图5-52所示。

图5-51

参数
长度: 800.0mm
宽度: 1500.0mm
高度: 80.0mm
长度分段: 1
宽度分段: 1
高度分段: 1

图5-52

艺境 中文版3ds Max三维效果图设计与制作全视频 实践228例 溢彩版

02 在【前】视图中创建如图5-53 所示的长方体，设置【长度】为 50.0mm、【宽度】为1500.0mm、 【高度】为50.0mm，如图5-54所示。效果如图5-55所示。

图5-53

图5-54

图5-55

03 将模型转换为可编辑多边形，如图5-56所示。进入【边】级别，选择如图5-57所示的边。

图5-56

图5-57

04 单击【连接】后面的【设置】按钮，设置【分段】为2、【收缩】为92，如图5-58所示。

图5-58

05 进入【多边形】级别，选择如图5-59所示的多边形。单击【挤出】后面的【设置】按钮，设置【高度】为750.0mm，如图5-60所示。

图5-59

图5-60

06 进入【边】级别，选择如图5-61所示的边。单击【连接】后面的【设置】按钮，设置【分段】为1、【滑块】为87，如图5-62所示。

图5-61

07 进入【多边形】级别，选择如图5-63所示的多边形。单击【挤出】后面的【设置】按钮，设置【高度】为1402.0mm，如图5-64所示。

图5-62

图5-63

图5-64

08 选择如图5-65所示的多边形，单击【挤出】后面的【设置】按钮，设置【高度】为1200.0mm，如图5-66所示。

图5-65

图5-66

09 进入【边】级别，选择如图5-67所示的边。单击【连接】后面的【设置】按钮，设置【分段】为2、【收缩】为-80、【滑块】为1138，如图5-68所示。

图5-67

图5-68

10 选择如图5-69所示的边，单击【连接】后面的【设置】按钮，设置【分段】为2、【收缩】为-78、【滑块】为245，如图5-70所示。

图5-69

图5-70

11 进入【多边形】级别，选择如图5-71所示的多边形。单击【挤出】后面的【设置】按钮，设置【高度】为750.0mm，如图5-72所示。

图5-71

图5-72

12 选择如图5-73所示的多边形。单击【挤出】后面的【设置】按钮，设置【高度】为1400.0mm，如图5-74所示。

图5-73

图5-74

13 选择如图5-75所示的多边形，单击【挤出】后面的【设置】按钮，设置【高度】为900.0mm，如图5-76所示。

图5-75

图5-76

14 进入【边】级别，选择如图5-77所示的边。单击【连接】后面的【设置】按钮，设置【分段】为1、【滑块】为89，如图5-78所示。

图5-77

图5-78

15 进入【多边形】级别，选择如图5-79所示的多边形。单击【挤出】后面的【设置】按钮，设置【高度】为413.1mm，如图5-80所示。

图5-79

图5-80

16 进入【边】级别，选择如图5-81所示的边。单击【连接】后面的【设置】按钮，设置【分段】为1、【滑块】为-88，如图5-82所示。

图5-81

图5-82

17进入【多边形】级别 ▣，选择如图5-83所示的多边形。单击【挤出】后面的【设置】按钮 ▫，设置【高度】为750.0mm，如图5-84所示。

图5-83

图5-84

18选择如图5-85所示的模型，按住Shift键，沿Z轴向下拖动复制，如图5-86所示。

图5-85

图5-86

19设置模型的【宽度】为900.0mm，如图5-87所示。将模型移动到合适的位置，此时模型创建完成，如图5-88所示。

图5-87

图5-88

实例053	多边形建模制作四角柜子
文件路径	第5章\多边形建模制作四角柜子
难易指数	★★★★★
技术掌握	多边形建模

🔍扫码深度学习

🧠 操作思路

本例通过将模型转换为可编辑多边形，并进行编辑操作制作出四角柜子模型。

🖐 案例效果

案例效果如图5-89所示。

图5-89

🎤 操作步骤

01在【顶】视图中创建如图5-90所示的长方体，设置【长度】为800.0mm、【宽度】为1500.0mm、【高度】为900.0mm，如图5-91所示。

图5-90

图5-91

02选择模型，并将模型转换为可编辑多边形，如图5-92所示。

图5-92

03进入【多边形】级别 ▣，选择如图5-93所示的多边形。单击【插入】后面的【设置】按钮 ▫，设置【数量】为50.0mm，如图5-94所示。

图5-93

图5-94

04 接着单击【挤出】后面的【设置】按钮□，设置【高度】为−745.0mm，如图5−95所示。

图5-95

05 选择如图5−96所示的多边形，单击【插入】后面的【设置】按钮□，设置【数量】为155.0mm，如图5−97所示。

图5-96

图5-97

06 单击【倒角】后面的【设置】按钮□，设置【高度】为160.0mm、【轮廓】为25.0mm，如图5−98所示。

图5-98

07 在【顶】视图中创建如图5−99所示的圆柱体，设置【半径】为40.0mm、【高度】为900.0mm，如图5−100所示。

图5-99

图5-100

08 在【前】视图中选择如图5−101所示的圆柱体，沿Z轴向右旋转−10°，如图5−102和图5−103所示。

图5-101

图5-102

图5-103

09 将圆柱体转换为可编辑多边形，进入【顶点】级别，选择如图5−104所示的顶点。并沿Y轴向下进行等比缩放，如图5−105所示。

图5-104

图5-105

10 选择如图5−106所示的顶点，沿Y轴向下进行等比缩放，如图5−107所示。效果如图5−108所示。

图5-106

图5-107

图5-108

11 按住Shift键，再拖动复制出3个模型，如图5-109所示，将其移动到合适的位置，如图5-110所示。

图5-109

图5-110

12 在【前】视图中创建如图5-111所示的长方体，设置【长度】为800.0mm、【宽度】为700.0mm、【高度】为100.0mm，如图5-112所示。

图5-111

参数
长度: 800.0mm
宽度: 700.0mm
高度: 100.0mm
长度分段: 1
宽度分段: 1
高度分段: 1

图5-112

13 将模型转换为可编辑多边形，进入【边】级别，选择如图5-113所示的边。单击【切角】后面的【设置】按钮，设置【边切角量】

为3.0mm，【连接边分段】为5，如图5-114所示。

图5-113

图5-114

14 在【前】视图中创建如图5-115所示的长方体，设置【长度】为250.0mm、【宽度】为50.0mm、【高度】为100.0mm，如图5-116所示。

图5-115

参数
长度: 250.0mm
宽度: 50.0mm
高度: 100.0mm
长度分段: 1
宽度分段: 1
高度分段: 1

图5-116

15 在【透视】视图中选择如图5-117所示的模型，单击【镜像】按钮，在弹出的【镜像:屏幕 坐标】对话框中选择XY和【复制】选项，效果如图5-118所示。

图5-117

图5-118

16 将模型移动到合适位置模型创建完成，效果如图5-119所示。

图5-119

实例054 多边形建模制作中式落地灯

文件路径	第5章\多边形建模制作中式落地灯
难易指数	⭐⭐⭐⭐⭐
技术掌握	多边形建模

🔍扫码深度学习

操作思路

本例通过为线添加多种修改器制作三维模型，然后将模型转换为可编辑多边形，并进行编辑操作，制作出中式落地灯模型。

案例效果

案例效果如图5-120所示。

图5-120

🎤操作步骤

01 在【前】视图中创建如图5-121所示的平面，设置【长度】为1500.0mm、【宽度】为500.0mm、【长度分段】为4、【宽度分段】2，如图5-122所示。

图5-121

图5-122

02 选择模型，并将模型转换为可编辑多边形，如图5-123所示。

图5-123

03 进入【顶点】级别，在【左】视图中选择如图5-124所示的顶点。沿X轴向右拖动，如图5-125所示。

图5-124

图5-125

04 选择如图5-126所示的顶点，沿X轴向左拖动，如图5-127所示。

图5-126

图5-127

05 选择如图5-128所示的顶点，沿X轴向右拖动，如图5-129所示。

图5-128

图5-129

06 接着为模型加载【网格平滑】修改器，设置【迭代次数】为3，如图5-130所示。效果如图5-131所示。

图5-130

图5-131

07 接着为模型加载【晶格】修改器，选中【仅来自边的支柱】单选按钮，设置【半径】为2.0mm、【边数】为20，如图5-132所示。效果如图5-133所示。

图5-132

图5-133

08 为模型加载【编辑多边形】修改器，进入【边】级别，选择如图5-134所示的边。按Delete键将其删除，效果如图5-135所示。

图5-134

图5-135

09 选择如图5-136所示的边，按Delete键将其删除，效果如图5-137所示。

图5-136

图5-137

10 在【透视】视图中选择模型，单击【镜像】按钮，在弹出的【镜像:世界 坐标】对话框中选择XY和【复制】选项，单击【确定】按钮，效果如图5-138所示。接着沿Y轴向右移动到合适的位置，如图5-139所示。

图5-138

图5-139

11 进入【边】级别，选择如图5-140所示的边。按Delete键将其删除，效果如图5-141所示。

图5-140

图5-141

12 在【左】视图中创建如图5-142所示的椭圆，设置【长度】为350.0mm、【宽度】为110.0mm，如图5-143所示。

13 接着为其加载【挤出】修改器，设置【数量】为300.0mm，如图5-144所示。效果如图5-145所示。

图5-142

图5-143

图5-144

图5-145

14 接着将模型进行适当旋转，移动到合适的位置，效果如图5-146所示。

图5-146

15 按住Shift键，再复制出两个模型，将其移动到合适的位置，如图5-147所示，效果如图5-148所示。

图5-147

图5-148

16 在【顶】视图中创建如图5-149所示的圆柱体，设置【半径】为10.0mm、【高度】为500.0mm、【边数】为30，如图5-150所示。

图5-149

参数
半径 10.0mm
高度 500.0mm
高度分段 1
端面分段 1
边数 30

图5-150

17 在【前】视图中选择模型，按住Shift键，沿X轴向左拖动复制，如图5-151所示，效果如图5-152所示。

图5-151

图5-152

18 在【顶】视图中创建如图5-153所示的长方体，设置【长度】为300.0mm、【宽度】为600.0mm、【高度】为50.0mm，如图5-154所示。

图5-153

参数
长度 300.0mm
宽度 600.0mm
高度 50.0mm
长度分段 1
宽度分段 1
高度分段 1

图5-154

19 执行后的效果如图5-155所示。按住Shift键，沿X轴将其向右拖动复制，如图5-156所示。

图5-155

图5-156

20 在【顶】视图中创建如图5-157所示的圆环，设置【半径1】为15.0mm、【半径2】为5.0mm，如图5-158所示。

图5-157

参数
半径 1 15.0mm
半径 2 5.0mm
旋转 0.0
扭曲 0.0
分段 24
边数 12

图5-158

21 将模型移动到合适的位置，效果如图5-159所示。模型创建完成，如图5-160所示。

图5-159

图5-160

实例055	多边形建模制作螺旋茶几
文件路径	第5章\多边形建模制作螺旋茶几
难易指数	★★★★★
技术掌握	多边形建模
扫码深度学习 |

操作思路

本例通过将模型转换为可编辑多边形，并进行编辑操作，制作出螺旋茶几模型。

案例效果

案例效果如图5-161所示。

图5-161

操作步骤

01 在【前】视图中创建如图5-162所示的长方体，设置【长度】为50.0mm、【宽度】为1100.0mm、【高度】为1000.0mm，如图5-163所示。

图5-162

图5-163

02 选择模型，并将模型转换为可编辑多边形，如图5-164所示。

图5-164

03 进入【多边形】级别，选择如图5-165所示的多边形。单击【挤出】后面的【设置】按钮，设置【高度】为50.0mm，如图5-166所示。

图5-165

图5-166

04 选择如图5-167所示的多边形，单击【挤出】后面的【设置】按钮，设置【高度】为300.0mm，如图5-168所示。

图5-167

图5-168

05 再次单击【挤出】后面的【设置】按钮，设置【高度】为50.0mm，如图5-169所示。

图5-169

06 选择如图5-170所示的多边形，单击【挤出】后面的【设置】按钮，设置【高度】为1500.0mm，如图5-171所示。

图5-170

图5-171

07 再次单击【挤出】后面的【设置】按钮，设置【高度】为50.0mm，如图5-172所示。

图5-172

08 选择如图5-173所示的多边形，单击【挤出】后面的【设置】按钮，设置【高度】为650.0mm，如图5-174所示。

图5-173

图5-174

09 再次单击【挤出】后面的【设置】按钮，设置【高度】为50.0mm，如图5-175所示。

图5-175

10 选择如图5-176所示的多边形，单击【挤出】后面的【设置】按钮，设置【高度】为1550.0mm，如图5-177所示。

11 进入【边】级别，选择如图5-178所示的边。单击【切角】后面的【设置】按钮，设置【边切角量】为2.0mm，如图5-179所示。

图5-176

图5-177

图5-178

图5-179

12 接着为其加载【网格平滑】修改器，设置【迭代次数】为3，如图5-180所示。效果如图5-181所示。

图5-180

图5-181

13 在【顶】视图中创建如图5-182所示的管状体，设置【半径1】为70.0mm、【半径2】为50.0mm、【高度】为650mm、【高度分段】为1，如图5-183所示。

图5-182

图5-183

14 在【顶】视图中创建如图5-184所示的圆环，设置【半径1】为70.0mm、【半径2】为5.0mm、【分段】为40，如图5-185所示。将模型移动到合适的位置，如图5-186所示。

图5-184

图5-185

图5-186

15 按住Shift键，沿Z轴向下拖动复制，如图5-187所示。

图5-187

16 在【透视】视图中选择如图5-188所示的模型，按住Shift键，沿X轴向左拖动复制出如图5-189所示效果，并设置管状体的【高度】为300.0mm，如图5-190所示。

图5-188

图5-189

参数
半径1：70.0mm
半径2：50.0mm
高度：300.0mm
高度分段：1
端面分段：1
边数：18

图5-190

17 此时模型创建完成，如图5-191所示。

图5-191

实例056 多边形建模制作花架

文件路径	第5章\多边形建模制作花架
难易指数	★★★★★
技术掌握	多边形建模

扫码深度学习

操作思路

本例通过将模型转换为可编辑多边形，并进行编辑操作，制作出花架模型。

案例效果

案例效果如图5-192所示。

图5-192

操作步骤

01 在【顶】视图中创建如图5-193所示的长方体，设置【长度】为700.0mm、【宽度】为700.0mm、【高度】为100.0mm，如图5-194所示。

图5-193

图5-194

02 选择模型，将模型转换为可编辑多边形，如图5-195所示。

图5-195

03 进入【多边形】级别 ■，选择如图5-196所示多边形。单击【倒角】后面的【设置】按钮■，选择【按多边形】田，设置【高度】为-5.0mm、【轮廓】为-15.0mm，如图5-197所示。

图5-196

图5-197

04 选择如图5-198所示的多边形，单击【插入】后面的【设置】按钮■，设置【数量】为135.0mm，如图5-199所示。

05 单击【挤出】后面的【设置】按钮■，设置【数量】为100.0mm，如图5-200所示。

图5-198

图5-199

图5-200

06 选择如图5-201所示的多边形，单击【倒角】后面的【设置】按钮■，选择【按多边形】田，设置【高度】为-5.0mm、【轮廓】为-15.0mm，如图5-202所示。

图5-201

图5-202

07 选择如图5-203所示的多边形，单击【倒角】后面的【设置】按钮■，设置【高度】为0.0mm、【轮廓】为135.0mm，如图5-204所示。

图5-203

图5-204

08 接着单击【挤出】后面的【设置】按钮□，设置【高度】为100.0mm，如图5-205所示。

图5-205

09 进入【边】级别，并选择如图5-206所示的边。单击【连接】后面的【设置】按钮□，设置【分段】为2、【收缩】为65，如图5-207所示。

图5-206

图5-207

10 进入【多边形】级别，选择如图5-208所示多边形。单击【倒角】后面的【设置】按钮□，选择【按多边形】，设置【高度】为-5.0mm、【轮廓】为-15.0mm，如图5-209所示。

图5-208

图5-209

11 在【顶】视图中创建如图5-210所示的长方体，设置【长度】为700.0mm、【宽度】为700.0mm、【高度】为100.0mm，如图5-211所示。

图5-210

参数	
长度:	700.0mm
宽度:	700.0mm
高度:	100.0mm
长度分段:	1
宽度分段:	1
高度分段:	1

图5-211

12 将模型转换为可编辑多边形，进入【边】级别，选择如图5-212所示的边。单击【连接】后面的【设置】按钮□，设置【分段】为2、【收缩】为65，如图5-213所示。

图5-212

图5-213

13 选择如图5-214所示的边，单击【连接】后面的【设置】按钮□，设置【分段】为2、【收缩】为65，如图5-215所示。

图5-214

图5-215

14 进入【多边形】级别，选择如图5-216所示的多边形。单击【倒角】后面的【设置】按钮□，选择【按多边形】，设置【高度】为-5.0mm、【轮廓】为-15.0mm，如图5-217所示。

图5-216

图5-217

15 选择如图5-218所示的多边形，单击【挤出】后面的【设置】按钮回，设置【高度】为1200.0mm，如图5-219所示。

图5-218

图5-219

16 将模型移动到合适的位置，如图5-220所示。在【透视】视图中选择如图5-221所示的模型，并单击【附加】按钮 附加 ，并在【透视】视图中拾取另一个模型，效果如图5-222所示。

图5-220

图5-221

图5-222

17 进入【多边形】级别回，选择如图5-223所示多边形。单击【倒角】后面的【设置】按钮回，选择【按多边形】，设置【高度】为-5.0mm、【轮廓】为-15.0mm，如图5-224所示。

图5-223

图5-224

18 选择如图5-225所示的多边形，单击【倒角】后面的【设置】按钮回，选择【组】，设置【高度】为-5.0mm、【轮廓】为-15.0mm，如图5-226所示。

图5-225

图5-226

19 选择如图5-227所示多边形，单击【倒角】后面的【设置】按钮回，选择【组】，设置【高度】为-5.0mm、【轮廓】为-15.0mm，如图5-228所示。

图5-227

图5-228

20 此时模型创建完成，效果如图5-229所示。

图5-229

实例057	多边形建模制作角几
文件路径	第5章 \ 多边形建模制作角几
难易指数	★★★★★
技术掌握	多边形建模

🔍扫码深度学习

💡操作思路

　　本例通过将模型转换为可编辑多边形，并进行编辑操作，制作出角几模型。

🖱案例效果

　　案例效果如图5-230所示。

图5-230

🎙️操作步骤

01 在【顶】视图创建如图5-231所示的长方体，设置【长度】为700.0mm、【宽度】为1100.0mm、【高度】为70.0mm，如图5-232所示。

图5-231

图5-232

02 在【前】视图中选择长方体，按住Shift键沿Y轴向下拖动复制，如图5-233所示，设置【高度】为35.0mm，如图5-234所示。

图5-233

图5-234

03 将复制的模型移动到合适位置，如图5-235所示。将模型转换为可编辑多边形，如图5-236所示。

图5-235

图5-236

04 进入【边】级别，选择如图5-237所示的边。单击【连接】后面的【设置】按钮，设置【分段】为2、【收缩】为-20、【滑块】为-145，如图5-238所示。

图5-237

图5-238

05 选择如图5-239所示的边，单击【连接】后面的【设置】按钮，设置【分段】为1、【滑块】为91，如图5-240所示。

06 选择如图5-241所示的边，单击【连接】后面的【设置】按钮，设置【分段】为2、【收缩】为90，如

图5-242所示。

图5-239

图5-240

图5-241

图5-242

07 进入【多边形】级别，选择如图5-243所示的多边形。单击【挤出】后面的【设置】按钮，设置【高度】为1500.0mm，如图5-244所示。

图5-243

图5-244

08 进入【边】级别 ◁，选择如图5-245所示的边。单击【连接】后面的【设置】按钮▣，设置【分段】为1、【滑块】为95，如图5-246所示。

图5-245

图5-246

09 进入【多边形】级别 ■，选择如图5-247所示的多边形。单击【挤出】后面的【设置】按钮▣，设置【高度】为643.0mm，如图5-248所示。

10 选择如图5-249所示的【多边形】，单击【挤出】后面的【设置】按钮▣，设置【高度】为1064.8mm，如图5-250所示。

图5-247

图5-248

图5-249

图5-250

11 进入【边】级别 ◁，选择如图5-251所示的边。单击【连接】后面的【设置】按钮▣，设置【分段】为1、【滑块】为93，如图5-252所示。

图5-251

图5-252

12 进入【多边形】级别 ■，选择如图5-253所示的多边形，单击

【挤出】后面的【设置】按钮▣，设置【高度】为643.0mm，如图5-254所示。

图5-253

图5-254

13 此时模型创建完成，效果如图5-255所示。

图5-255

提示 按住Shift键拖动鼠标左键可将边延伸出来

（1）未闭合的三维模型，可以单击鼠标右键，对其执行【转换为】|【转换为可编辑多边形】命令，如图5-256所示。

图5-256

（2）进入【边】级别，选择一条边，如图5-257所示。

图5-257

（3）按住Shift键，拖动鼠标左键，即可拖出一个面，如图5-258所示。

图5-258

但是需要特别注意，并不是所有的模型都可以这样操作，若选择的边的位置处于模型的闭合位置，则无法拖曳出面，如图5-259所示。

图5-259

实例058　多边形建模制作镂空吊灯

文件路径	第5章\多边形建模制作镂空吊灯
难易指数	★★★★★
技术掌握	多边形建模

扫码深度学习

操作思路

本例通过将模型转换为可编辑多边形，并进行编辑操作，制作出镂空吊灯模型。

案例效果

案例效果如图5-260所示。

图5-260

操作步骤

01 在【顶】视图中创建如图5-261所示的管状体，设置【半径1】为500.0mm、【半径2】为490.0mm、【高度】为500.0mm、【高度分段】为7、【边数】为50，如图5-262所示。

图5-261

图5-262

02 选择模型，将模型转换为可编辑多边形，如图5-263所示。

图5-263

03 进入【边】级别，选择如图5-264所示的边。单击【连接】按钮 连接，效果如图5-265所示。

图5-264

图5-265

04 按Ctrl+I（反选）快捷键，效果如图5-266所示。单击【移除】按钮 移除，效果如图5-267所示。

图5-266

图5-267

05 为模型加载【晶格】修改器，选中【仅来自边的支柱】单选按钮，设置【半径】为3.0mm、【边数】为50，如图5-268所示。效果如图5-269所示。

06 在【透视】视图中选择模型，如图5-270所示，按住Shift键进行等比缩放复制，如图5-271所示。

图5-268

图5-269

图5-270

图5-271

07 将模型移动到合适的位置，效果如图5-272所示。在【前】视图中创建如图5-273所示的线。

图5-272

图5-273

08 展开【渲染】卷展栏，选中【在渲染中启用】和【在视口中启用】复选框，设置【厚度】为15.0mm，如图5-274所示。此时模型创建完成，效果如图5-275所示。

图5-274

图5-275

实例059 多边形建模制作床头柜

文件路径	第5章\多边形建模制作床头柜
难易指数	★★★★★
技术掌握	多边形建模

🔍扫码深度学习

💡操作思路

本例通过将模型转换为可编辑多边形，并进行编辑操作，制作出床头柜模型。

📷案例效果

案例效果如图5-276所示。

图5-276

🎤操作步骤

01 在【顶】视图中创建如图5-277所示的长方体，设置【长度】为800.0mm、【宽度】为1200.0mm、【高度】为50.0mm，如图5-278所示。

图5-277

图5-278

02 选择模型，将模型转换为可编辑多边形，如图5-279所示。

图5-279

03 在【透视】视图中选择模型，按住Shift键将其复制，如图5-280所示。接着单击鼠标右键，在弹出的快捷菜单中执行【隐藏选定对象】命令，将其备用，如图5-281所示。

图5-280

图5-281

04 进入【边】级别，选择如图5-282所示的边。单击【连接】后面的【设置】按钮，设置【分段】为1、【滑块】为88，如图5-283所示。

图5-282

图5-283

05 选择如图5-284所示的边，单击【连接】后面的【设置】按钮，设置【分段】为2、【收缩】为90，如图5-285所示。

图5-284

图5-285

06 进入【多边形】级别，选择如图5-286所示的多边形。单击【挤出】后面的【设置】按钮，设置【高度】为800.0mm，如图5-287所示。

图5-286

图5-287

07 进入【边】级别，选择如图5-288所示的边。单击【连接】后面的【设置】按钮，设置【分段】为2、【收缩】为-72，如图5-289所示。

图5-288

图5-289

08 进入【多边形】级别，选择如图5-290所示的多边形。单击【挤出】后面的【设置】按钮，设置【高度】为1102.0mm，如图5-291所示。

图5-290

图5-291

09 在【透视】视图空白处单击鼠标右键，在弹出的快捷菜单中执行【全部取消隐藏】命令，如图5-292所示，然后将模型移动到合适的位置，如图5-293所示。

图5-292

图5-293

10 在【前】视图中创建如图5-294所示的长方体，设置【长度】为375.0mm、【宽度】为1102.0mm、【高度】为30.0mm，如图5-295所示。

11 将模型转换为可编辑多边形，进入【边】级别，选择如图5-296所

艺境

中文版3ds Max三维效果图设计与制作全视频

实践228例 溢彩版

示的边。单击【连接】后面的【设置】按钮■，设置【分段】为5、【收缩】为-70、【滑块】为330，如图5-297所示。

图5-294

图5-295

图5-296

图5-297

12 进入【顶点】级别，选择如图5-298所示的顶点。沿Z轴向下拖动，如图5-299所示。

图5-298

13 选择如图5-300所示的顶点，沿Z轴向下拖动，如图5-301所示。

图5-299

图5-300

图5-301

14 进入【边】级别，选择如图5-302所示的边。单击【切角】后面的【设置】按钮■，设置【边切角量】为1.0mm、【连接边分段】为2，如图5-303所示。

图5-302

图5-303

15 接着为模型加载【网格平滑】修改器，设置【迭代次数】为2，

如图5-304所示。效果如图5-305所示。

图5-304

图5-305

16 将模型移动到合适的位置，如图5-306所示。

图5-306

17 在【顶】视图中创建如图5-307所示的圆柱体，设置【半径】为35.0mm、【高度】为500.0mm、【边数】为30，如图5-308所示。效果如图5-309所示。

图5-307

图5-308

图5-309

18 在【透视】视图中将模型沿Y轴向右旋转10°，如图5-310所示。将模型移动到合适的位置，如图5-311所示。

图5-310

图5-311

19 按住Shift键，拖动复制出3个模型，如图5-312所示。将复制模型适当旋转、调整，并将其移动到合适的位置，如图5-313所示。

图5-312

图5-313

20 此时模型创建完成，效果如图5-314所示。

图5-314

实例060	多边形建模制作脚凳
文件路径	第5章\多边形建模制作脚凳
难易指数	★★★★★
技术掌握	多边形建模

🔍扫码深度学习

💡操作思路

本例通过将模型转换为可编辑多边形，并进行编辑操作，制作出脚凳模型。

🖱案例效果

案例效果如图5-315所示。

图5-315

🎤操作步骤

01 在【顶】视图中创建如图5-316所示的长方体，设置【长度】为800.0mm、【宽度】为2000.0mm、【高度】为200.0mm、【长度分段】为3、【宽度分段】为6，如图5-317所示。

图5-316

▼ 参数

长度	800.0mm
宽度	2000.0mm
高度	200.0mm
长度分段	3
宽度分段	6
高度分段	1

图5-317

02 选择模型，并将模型转换为可编辑多边形，如图5-318所示。

图5-318

03 进入【边】级别◁，选择如图5-319所示的边。单击【切角】后面的【设置】按钮□，设置【边切角量】为3.0mm、【连接边分段】为2，如图5-320所示。

图5-319

图5-320

04 选择如图5-321所示的边，单击【利用所选内容创建图形】按钮[利用所选内容创建图形]，在弹出的【创建图形】对话框中选择【线性】选项，如图5-322所示。

05 选择刚刚创建的图形，如图5-323所示，在【渲染】卷展栏中选中【在渲染中启用】和【在视口中启用】复选框，设置【厚度】为10.0mm，如图5-324所示。

图5-321

图5-322

图5-323

图5-324

06 选择如图5-325所示的模型，为其加载【网格平滑】修改器，设置【迭代次数】为3，如图5-326所示。效果如图5-327所示。

图5-325

图5-326

图5-327

07 进入【顶点】级别，选择如图5-328所示的顶点。单击【挤出】后面的【设置】按钮，设置【高度】为-70.0mm、【宽度】为45.0mm，如图5-329所示。

图5-328

图5-329

08 模型效果如图5-330所示。

图5-330

09 在【顶】视图中创建如图5-331所示的切角长方体，设置【长度】为810.0mm、【宽度】为2017.0mm、【高度】为80.0mm、【圆角】为3.0mm，如图5-332所示。效果如图5-333所示。

10 在【顶】视图中创建如图5-334所示的切角长方体，设置【长度】为50.0mm、【宽度】为100.0mm、

【高度】为1000.0mm、【圆角】为10.0mm、【圆角分段】为5，如图5-335所示。效果如图5-336所示。

图5-331

图5-332

图5-333

图5-334

图5-335

图5-336

11 将模型转换为可编辑多边形，进入【顶点】级别 ▦，选择如图5-337所示的边。接着将模型向内进行等比缩放，如图5-338所示。

图5-337

图5-338

12 取消【顶点】级别，将模型沿Y轴旋转30°，如图5-339所示。将模型移动到合适的位置，如图5-340所示。

图5-339

图5-340

13 按住Shift键，再拖动复制出3个模型，如图5-341所示。将复制的模型适当地旋转并移动到合适的位置，此时模型创建完成，效果如图5-342所示。

图5-341

图5-342

实例061	多边形建模制作矮桌
文件路径	第5章\多边形建模制作矮桌
难易指数	★★★★★
技术掌握	多边形建模

扫码深度学习

操作思路

本例通过将模型转换为可编辑多边形，并进行编辑操作，制作出矮桌模型。

案例效果

案例效果如图5-343所示。

图5-343

操作步骤

01 在【前】视图中创建如图5-344所示的长方体，设置【长度】为

600.0mm、【宽度】为1000.0mm、【高度】为500.0mm，如图5-345所示。

图5-344

图5-345

02 选择模型，并将模型转换为可编辑多边形，如图5-346所示。

图5-346

03 进入【多边形】级别 ■，选择如图5-347所示的多边形。单击【插入】后面的【设置】按钮 □，设置【数量】为50.0mm，如图5-348所示。

图5-347

图5-348

04 单击【挤出】后面的【设置】按钮 ，设置【高度】为 -450.0mm，如图5-349所示。

图5-349

05 进入【边】级别 ，选择如图5-350所示的边。单击【连接】后面的【设置】按钮 ，设置【分段】为2、【收缩】为88，如图5-351所示。

图5-350

图5-351

06 进入【多边形】级别 ，选择如图5-352所示的多边形。单击【挤出】后面的【设置】按钮 ，设置【高度】为600.0mm，如图5-353所示。

07 再次单击【挤出】后面的【设置】按钮 ，设置【高度】为50.0mm，如图5-354所示。

图5-352

图5-353

图5-354

08 进入【多边形】级别 ，选择如图5-355所示的多边形。单击【挤出】后面的【设置】按钮 ，设置【高度】为902.4mm，如图5-356所示。

图5-355

图5-356

09 选择如图5-357所示的多边形，单击【插入】后面的【设置】按钮 ，设置【数量】为100.0mm，如图5-358所示。

图5-357

图5-358

10 单击【挤出】后面的【设置】按钮 ，设置【高度】为200.0mm，如图5-359所示。

图5-359

11 进入【边】级别 ，选择如图5-360所示的边。单击【连接】后面的【设置】按钮 ，设置【分段】为2、【收缩】为85，如图5-361所示。

图5-360

图5-361

12 进入【多边形】级别 ，选择如图5-362所示的多边形。单击【挤出】后面的【设置】按钮 ，设置【高度】为100.0mm，如图5-363所示。

13 进入【边】级别 ，选择如图5-364所示的边。单击【连接】后面的【设置】按钮 ，设置【分段】为2、【收缩】为65，如图5-365所示。

图5-362

图5-363

图5-364

图5-365

14 进入【多边形】级别，选择如图5-366所示的多边形。单击【挤出】后面的【设置】按钮，设置【高度】为50.0mm，如图5-367所示。

图5-366

图5-367

15 进入【顶点】级别，在【透视】视图选择如图5-368所示的顶点。在【左】视图中，沿X轴向左等比缩放，如图5-369所示。效果如图5-370所示。

图5-368

图5-369

图5-370

16 在【前】视图中创建如图5-371所示的长方体，设置【长度】为500.0mm、【宽度】为900.0mm、【高度】为50.0mm，如图5-372所示。将模型移动到合适的位置，效果如图5-373所示。

图5-371

图5-372

图5-373

17 将模型转换为可编辑多边形，进入【多边形】级别，选择如图5-374所示的多边形。单击【插入】后面的【设置】按钮，设置【数量】为230.0mm，如图5-375所示。

图5-374

图5-375

18 单击【挤出】后面的【设置】按钮，设置【高度】为50.0mm，如图5-376所示。

图5-376

19 进入【边】级别，选择如图5-377所示的边。单击【切角】后面的【设置】按钮□，设置【边切角量】为15.0mm、【连接边分段】为10，如图5-378所示。

图5-377

图5-378

20 此时模型创建完成，效果如图5-379所示。

图5-379

实例062	多边形建模制作中式酒柜
文件路径	第5章\多边形建模制作中式酒柜
难易指数	★★★★★
技术掌握	多边形建模

🔍扫码深度学习

💡操作思路

本例通过将模型转换为可编辑多

边形，并进行编辑操作，制作出中式酒柜模型。

🖱案例效果

案例效果如图5-380所示。

图5-380

🎤操作步骤

01 在【顶】视图中创建如图5-381所示的长方体，设置【长度】为800.0mm、【宽度】为1500.0mm、【高度】为50.0mm，如图5-382所示。

图5-381

参数	
长度:	800.0mm
宽度:	1500.0mm
高度:	50.0mm
长度分段:	1
宽度分段:	1
高度分段:	1

图5-382

02 选择模型，并将模型转换为可编辑多边形，如图5-383所示。

图5-383

03 进入【多边形】级别■，选择如图5-384所示的多边形。单击

【挤出】后面的【设置】按钮□，设置【高度】为1000.0mm，如图5-385所示。

图5-384

图5-385

04 进入【边】级别，选择如图5-386所示的边。单击【连接】后面的【设置】按钮□，设置【分段】为2、【收缩】为92，如图5-387所示。

图5-386

图5-387

05 选择如图5-388所示的边。单击【连接】后面的【设置】按钮□，设置【分段】为1，如图5-389所示。

06 进入【多边形】级别■，选择如图5-390所示的多边形。单击【挤出】后面的【设置】按钮□，设置【高度】为-725.0mm，

如图5-391所示。

图5-388

图5-389

图5-390

图5-391

07 选择如图5-392所示的多边形，单击【挤出】后面的【设置】按钮，设置【高度】为50.0mm，如图5-393所示。

图5-392

图5-393

08 选择如图5-394所示的多边形，单击【挤出】后面的【设置】按钮，设置【高度】为50.0mm，如图5-395所示。然后再挤出一次50.0mm，如图5-396所示。

图5-394

图5-395

图5-396

09 选择如图5-397所示的多边形，进行两次【挤出】操作，挤出的【高度】均为50.0mm，如图5-398所示。

图5-397

图5-398

10 选择如图5-399所示的多边形，单击【挤出】后面的【设置】按钮，设置【高度】为50mm，如图5-400所示。

图5-399

图5-400

11 在【前】视图中创建如图5-401所示的长方体，设置【长度】为1000.0mm、【宽度】为700.8mm、【高度】为20.0mm，如图5-402所示。

图5-401

图5-402

110

艺境

中文版3ds Max三维效果图设计与制作全视频

实践228例 溢彩版

12 按住Shift键，沿X轴拖动复制，如图5-403所示。效果如图5-404所示。

图5-403

图5-404

13 在【透视】视图中选择如图5-405所示的模型，将其移动到合适的位置，如图5-406所示。

图5-405

图5-406

14 在【前】视图中创建如图5-407所示的圆柱体，设置【半径】为120.0mm、【高度】为35.0mm、【边数】为30，选中【启用切片】复选框，设置【切片起始位置】为90.0、【切片结束位置】为270.0，如图5-408所示。效果如图5-409所示。

15 将模型转换为可编辑多边形，进入【多边形】级别，选择如

图5-410所示的多边形。单击【插入】后面的【设置】按钮，设置【数量】为10.0mm，如图5-411所示。

图5-407

图5-408

图5-409

图5-410

16 接着单击【挤出】后面的【设置】按钮，设置【高度】为-5.0mm，如图5-412所示。将模型

图5-411

移动到合适的位置，效果如图5-413所示。

图5-412

图5-413

17 在【前】视图中选择创建的模型，如图5-414所示，单击【镜像】按钮，在弹出的【镜像：屏幕坐标】对话框中选择X和【复制】选项，如图5-415所示。效果如图5-416所示。

图5-414

图5-415

111

图5-416

18 此时模型创建完成，效果如图5-417所示。

图5-417

实例063	多边形建模制作简约风格柜子
文件路径	第5章\多边形建模制作简约风格柜子
难易指数	★★★★★
技术掌握	多边形建模

扫码深度学习

操作思路

本例通过将模型转换为可编辑多边形，并进行编辑操作，制作出柜子模型。

案例效果

案例效果如图5-418所示。

图5-418

操作步骤

01 在【顶】视图中创建一个【长方体】，设置【长度】为2000.0mm、【宽度】为600.0mm、【高度】为500.0mm，如图5-419所示。

图5-419

02 为长方体加载【编辑多边形】修改器，进入【多边形】级别■，选择如图5-420所示的多边形。接着单击【插入】按钮后面的【设置】按钮■，设置【插入类型】为【按多边形】，设置【数量】为50mm，如图5-421所示。

图5-420

图5-421

112

03 进入【多边形】级别■，在【透视】视图中选择如图5-422所示的多边形。单击【挤出】按钮后面的【设置】按钮□，设置【高度】为–10.0mm，如图5-423所示。

图5-422

图5-423

04 再次单击取消多边形级别，选择上一步中的长方体，并使用 ✛（选择并移动）工具，按住Shift键进行复制，在弹出的【克隆选项】对话框中选择【实例】，设置【副本数】为5，如图5-424所示。最终效果如图5-425所示。

图5-424

图5-425

实例064	多边形建模制作圆形铁艺凳
文件路径	第5章\多边形建模制作圆形铁艺凳
难易指数	★★★★★
技术掌握	多边形建模

🔍扫码深度学习

💡操作思路

　　本例通过将模型转换为可编辑多边形，并进行编辑操作，制作出圆形铁艺凳模型。

🖱案例效果

　　案例效果如图5-426所示。

图5-426

🎙操作步骤

01 在【顶】视图中创建如图5-427所示的球体，设置【半径】为100.0mm、【分段】为50，如图5-428所示。

图5-427

图5-428

02 选择模型，并将模型转换为可编辑多边形，如图5-429所示。

图5-429

03 进入【多边形】级别■，在【左】视图中选择如图5-430所示的多边形并将其删除，效果如图5-431所示。

图5-430

图5-431

04 选择如图5-432所示的多边形并将其删除，效果如图5-433所示。

图5-432

图5-433

05 进入【边】级别◢，选择如图5-434所示的边。单击【循环】按钮 循环 ，如图5-435所示。

图5-434

图5-435

06 单击【移除】按钮 移除 ，效果如图5-436所示。接着为模型加载【晶格】修改器，选中【仅来自边的支柱】单选按钮，设置【半径】为2.0mm、【分段】为20、【边数】为20，选中【末端封口】复选框，如图5-437所示。效果如图5-438所示。

图5-436

图5-437

图5-438

07 在【顶】视图中创建如图5-439所示的管状体，设置【半径1】为100.0mm、【半径2】为102.5mm、【高度】为10.0mm、【边数】为40，如图5-440所示。

图5-439

图5-440

08 将模型转换为可编辑多边形，进入【边】级别，选择如图5-441所示的边。单击【切角】后面的【设置】按钮■，设置【边切角量】为1.0mm、【连接边分段】为3，如图5-442所示。

09 接着为模型加载【网格平滑】修改器，设置【迭代次数】为3，如图5-443所示。效果如图5-444所示。

图5-441

图5-442

图5-443

图5-444

10 在【顶】视图中创建如图5-445所示的圆柱体，设置【半径】为100.0mm、【高度】为15.0mm、【边数】为40，如图5-446所示。

图5-445

图5-446

11 效果如图5-447所示。将模型转换为可编辑多边形，进入【边】级别◁，选择如图5-448所示的边。

图5-447

图5-448

12 单击【切角】后面的【设置】按钮▣，设置【边切角量】为1.0mm、【连接边分段】为1.0，如图5-449所示。接着为模型加载【网格平滑】修改器，设置【迭代次数】为3，如图5-450所示。

图5-449

图5-450

13 进入【多边形】级别▣，选择如图5-451所示的多边形。沿Z轴向上拖动，如图5-452所示。效果如图5-453所示

图5-451

图5-452

图5-453

14 将模型移动到合适的位置，模型创建完成，效果如图5-454所示。

图5-454

实例065　多边形建模制作矮柜

文件路径	第5章\多边形建模制作矮柜
难易指数	★★★★★
技术掌握	多边形建模

🔍扫码深度学习

操作思路

本例通过将模型转换为可编辑多边形，并进行编辑操作，制作出矮柜模型。

案例效果

案例效果如图5-455所示。

图5-455

🎙️ 操作步骤

01 在【顶】视图中创建如图5-456 所示的长方体，设置【长度】为 800.0mm、【宽度】为1500.0mm、 【高度】为1200.0mm，如图5-457 所示。

图5-456

图5-457

02 选择模型，并将模型转换为可编 辑多边形，如图5-458所示。

图5-458

03 进入【多边形】级别■，选择 如图5-459所示的多边形。单击 【挤出】后面的【设置】按钮■，设 置【高度】为50.0mm，如图5-460 所示。

图5-459

图5-460

04 进入【边】级别◁，选择如 图5-461所示的边。单击【连 接】后面的【设置】按钮■，设置 【分段】为1，【滑块】为-87，如 图5-462所示。

图5-461

图5-462

05 进入【多边形】级别■，选择如 图5-463所示的多边形。单击【挤 出】后面的【设置】按钮■，设置【高 度】为100.0mm，如图5-464所示。

图5-463

图5-464

06 进入【边】级别◁，选择如 图5-465所示的边。单击【连 接】后面的【设置】按钮■，设置【分 段】为1、【滑块】为80，如图5-466 所示。

图5-465

图5-466

07 选择如图5-467所示的边，单 击【连接】后面的【设置】按 钮■，设置【分段】为2、【收缩】为 89，如图5-468所示。

图5-467

图5-468

08 选择如图5-469所示的边,单击【连接】后面的【设置】按钮▣,设置【分段】为2,如图5-470所示。

图5-469

图5-470

09 选择如图5-471所示的边,单击【连接】后面的【设置】按钮▣,设置【分段】为2、【收缩】为-83,如图5-472所示。

图5-471

图5-472

10 进入【多边形】级别▣,选择如图5-473所示的多边形。单击【倒角】后面的【设置】按钮▣,选择【按多边形】▦,设置【高度】为0.0mm、【轮廓】为-5.0mm,如图5-474所示。

图5-473

图5-474

11 单击【挤出】后面的【设置】按钮▣,设置【高度】为-700.0mm,如图5-475所示。

图5-475

12 在【前】视图中创建如图5-476所示的长方体,设置【长度】为317.0mm、【宽度】为715.0mm、【高度】为700.0mm,如图5-477所示,效果如图5-478所示。

图5-476

图5-477

图5-478

13 将模型转换为可编辑多边形,进入【多边形】级别▣,选择如图5-479所示的多边形。单击【插入】后面的【设置】按钮▣,设置【数量】为10.0mm,如图5-480所示。

图5-479

图5-480

14 单击【挤出】后面的【设置】按钮▣,设置【高度】为-300.0mm,如图5-481所示。将创建完的抽屉模型移动到合适的位置,如图5-482所示。

15 在【前】视图中创建如图5-483所示的切角长方体,设置【长度】为15.0mm、【宽度】为100.0mm、【高度】为50.0mm、【圆角】为1.0mm、【圆角分段】为4,如图5-484所示。

图5-481

图5-482

图5-483

图5-484

16 在【透视】视图中选择如图5-485所示的模型，在菜单栏中执行【组】|【组】命令，将两个模型成组，如图5-486所示。

17 按住Shift键，将成组模型再拖动复制出5个模型如图5-487所示，将模型移动到合适的位置，如图5-488所示。

图5-485

图5-486

图5-487

图5-488

18 此时模型创建完成，效果如图5-489所示。

图5-489

实例066	多边形建模制作多人沙发
文件路径	第5章\多边形建模制作多人沙发
难易指数	★★★★★
技术掌握	多边形建模

🔍扫码深度学习

操作思路

本例通过将模型转换为可编辑多边形，并进行编辑操作，制作出多人沙发模型。

案例效果

案例效果如图5-490所示。

图5-490

操作步骤

01 在【顶】视图中创建如图5-491所示的长方体，设置【长度】为1000.0mm、【宽度】为1600.0mm、【高度】为100.0mm，如图5-492所示。

图5-491

图5-492

02 选中模型，并将模型转换为可编辑多边形，如图5-493所示。

图5-493

03 进入【边】级别，选择如图5-494所示的边。单击【连接】后面的【设置】按钮，设置【分段】为2、

【收缩】为84，如图5-495所示。

图5-494

图5-495

04 进入【边】级别，选择如图5-496
所示的边。单击【连接】后面的
【设置】按钮，设置【分段】为2、
【收缩】为75，如图5-497所示。

图5-496

图5-497

05 进入【多边形】级别，选择如
图5-498所示的多边形。单击
【挤出】后面的【设置】按钮，设
置【高度】为500.0mm，如图5-499
所示。

图5-498

图5-499

06 进入【边】级别，选择如图5-500
所示的边。单击【切角】后面的
【设置】按钮，设置【边切角量】
为3.0mm、【连接边分段】为3，如
图5-501所示。

图5-500

图5-501

07 为模型加载【网格平滑】修改
器，并设置【迭代次数】为3，如
图5-502所示。效果如图5-503所示。

08 在【透视】视图中选择模型，并
进行等比缩放复制，如图5-504
所示。

图5-502

图5-503

图5-504

09 进入【多边形】级别，选择如
图5-505所示的多边形。沿Z轴
向上拖动，如图5-506所示。

图5-505

图5-506

10 进入【多边形】级别，选择如
图5-507所示的多边形。沿Y轴拖
动，如图5-508所示。

图5-507

图5-508

11 进入【多边形】级别 ■，选择如图5-509所示的多边形。沿X轴拖动，如图5-510所示。

图5-509

图5-510

12 进入【多边形】级别 ■，选择如图5-511所示的多边形。沿X轴拖动，如图5-512所示。

图5-511

图5-512

13 此时查看效果，如图5-513所示。

图5-513

14 在【顶】视图中创建如图5-514所示的4个圆柱体，设置【半径】为30.0mm、【高度】为250.0mm、【高度分段】为5、【边数】为30，如图5-515所示。

图5-514

参数	
半径:	30.0mm
高度:	250.0mm
高度分段:	5
端面分段:	1
边数:	30

☑ 平滑

☐ 启用切片

图5-515

15 模型创建完成，效果如图5-516所示。

图5-516

文件路径	第5章\多边形建模制作新古典沙发
难易指数	★★★★★
技术掌握	多边形建模

🔍 扫码深度学习

💡 操作思路

本例通过将模型转换为可编辑多边形，并进行编辑操作，制作出新古典沙发模型。

🖱 案例效果

案例效果如图5-517所示。

图5-517

🎤 操作步骤

01 在【顶】视图中创建如图5-518所示的长方体，设置【长度】为700.0mm、【宽度】为1500.0mm、【高度】为100.0mm，如图5-519所示。

图5-518

参数	
长度:	700.0mm
宽度:	1500.0mm
高度:	100.0mm
长度分段:	1
宽度分段:	1
高度分段:	1

图5-519

02 选择模型，并将模型转换为可编辑多边形，如图5-520所示。

图5-520

03 进入【边】级别 ，选择如图5-521所示的边。单击【连接】后面的【设置】按钮 ，设置【分段】为2、【收缩】为84，如图5-522所示。

图5-521

图5-522

04 进入【边】级别 ，选择如图5-523所示的边。单击【连接】后面的【设置】按钮 ，设置【分段】为1、【滑块】为75，如图5-524所示。

05 进入【多边形】级别 ，选择如图5-525所示的多边形。单击【挤出】后面的【设置】按钮 ，设置【高度】为500.0mm，如图5-526所示。

图5-523

图5-524

图5-525

图5-526

06 进入【边】级别 ，选择如图5-527所示的边。单击【连接】后面的【设置】按钮 ，设置【分段】为3，如图5-528所示。

图5-527

图5-528

07 进入【边】级别 ，选择如图5-529所示的边。单击【连接】后面的【设置】按钮 ，设置【分段】为3，

如图5-530所示。

图5-529

图5-530

08 进入【顶点】级别 ，选择如图5-531所示的顶点。沿Z轴向下拖动，如图5-532所示。

图5-531

图5-532

09 进入【顶点】级别 ，选择如图5-533所示的顶点。沿Z轴向下拖动，如图5-534所示。

图5-533

图5-534

10 进入【顶点】级别 ，选择如图5-535所示的顶点。沿Z轴向下拖动，如图5-536所示。

图5-535

图5-536

11 进入【边】级别 ，选择如图5-537所示的边。单击【切角】后面的【设置】按钮 ，设置【边切角量】为3.0mm、【连接边分段】3，如图5-538所示。

图5-537

图5-538

12 为模型加载【网格平滑】修改器，设置【迭代次数】为3，如图5-539所示。效果如图5-540所示。

图5-539

图5-540

13 在【顶】视图中创建如图5-541所示的长方体，设置【长度】为605.0mm、【宽度】为1300.0mm、【高度】为100.0mm，如图5-542所示。

图5-541

图5-542

14 将模型转换为可编辑多边形，进入【边】级别 ，选择如图5-543所示的边。单击【切角】后面的【设置】按钮 ，设置【边切角量】为5.0mm、【连接边分段】为3，如图5-544所示。

15 选择如图5-545所示的边，单击【利用所选内容创建图形】按钮 利用所选内容创建图形 ，并在弹出的【创建图形】对话框中选中【线性】复选框，如图5-546所示。

图5-543

图5-544

图5-545

创建图形

曲线名：图形001

图形类型： ○ 平滑 ● 线性

确定   取消

图5-546

16 选择创建的图形，如图5-547所示，在【渲染】卷展栏中选中【在渲染中启用】和【在视口中启用】复选框，设置【厚度】为5.0mm，如图5-548所示。效果如图5-549所示。

图5-547

图5-553

图5-548

21 将模型转换为可编辑多边形，进入【多边形】级别▣，并在【透视】视图中选择如图5-558所示的多边形。接着将多边形向内进行等比缩放，如图5-559所示。

图5-558

图5-554

图5-549

17 选择如图5-550所示的模型，为其加载【网格平滑】修改器，设置【迭代次数】为3，如图5-551所示。效果如图5-552所示。

19 此时查看模型效果，如图5-555所示。

图5-559

22 按住Shift键，再次将模型复制出3个模型，如图5-560所示。将复制的3个模型移动到合适的位置，如图5-261所示。

图5-555

20 在【顶】视图中创建如图5-556所示的长方体，设置【长度】为70.0mm、【宽度】为70.0mm、【高度】为300.0mm，如图5-557所示。

图5-556

图5-560

图5-551

图5-550

18 进入【多边形】级别▣，选择如图5-553所示的多边形。沿Z轴向上拖动，如图5-554所示。

图5-557

图5-561

23 在【前】视图中创建如图5-562所示的球体，设置【半径】为33.0mm、【半球】为0.5，如图5-563所示。将模型移动到合适的位置，如图5-564所示。

图5-552

参数

长度: 70.0mm
宽度: 70.0mm
高度: 300.0mm

长度分段: 1
宽度分段: 1
高度分段: 1

图5-562

图5-563

图5-564

24 按住Shift键，将模型沿Z轴向下拖动，再复制出5个模型，如图5-565所示。选择如图5-566所示的模型，按住Shift键，将其拖动复制到合适的位置，如图5-567所示。

图5-565

图5-566

图5-567

25 选择如图5-568所示的模型，按住Shift键，将模型沿X轴复制旋转90°，如图5-569所示，将其移动到合适的位置，如图5-570所示。

图5-568

图5-569

图5-570

26 继续复制一些球体，并将复制的球体移动到其他边缘位置，如图5-571所示。此时模型创建完成，效果如图5-572所示。

图5-571

图5-572

实例068　多边形建模制作桌子

文件路径	第5章\多边形建模制作桌子
难易指数	★★★★★
技术掌握	多边形建模

🔍扫码深度学习

💡操作思路

本例通过将模型转换为可编辑多边形，并进行编辑操作，制作出简易桌子模型。

操作案例效果

案例效果如图5-573所示。

图5-573

操作步骤

01 单击【创建】➕ |【几何体】 ⬤ | 长方体 按钮，在顶视图中拖曳并创建一个长方体，接着在【修改】面板下设置【长度】为156.0mm、【宽度】为245.7mm、【高度】为10.5mm，如图5-574所示。

图5-574

图5-577

02 选择长方体模型，并在【修改器列表】中加载【编辑多边形】命令，进入【多边形】级别■，选择如图5-575所示的多边形。选择上一步选中的多边形，单击【插入】按钮后面的【设置】按钮，设置【数量】为5.0mm，如图5-576所示。

图5-575

图5-578

图5-576

图5-579

03 选择上一步选中的多边形，单击【挤出】按钮后面的【设置】按钮，设置【数量】为15.0mm，如图5-577所示。

04 选择桌子模型，并在【修改器列表】中加载【编辑多边形】命令，进入【边】级别，选择如图5-578所示的边。选择上一步选中的边，然后单击【连接】按钮后面的【设置】按钮，设置【分段】为2、【收缩】为77，如图5-579所示。

05 选择桌子模型，并在【修改器列表】中加载【编辑多边形】命令，进入【边】级别，选择如图5-580所示的边。选择上一步选中的边，然后单击【连接】按钮后面的【设置】按钮，设置【分段】为2，【收缩】为86，如图5-581所示。

06 选择桌子模型，并在【修改器列表】中加载【编辑多边形】命令，进入【多边形】级别，选择如图5-582所示的多边形。选择上一步选中的多边形，然后单击【挤出】按钮后面的【设置】按钮，并设置【数量】为135.0mm，如图5-583所示。

图5-580

图5-581

图5-582

图5-583

07 最终模型效果如图5-584所示。

图5-584

实例069 多边形建模制作新中式茶几

文件路径	第5章\多边形建模制作新中式茶几
难易指数	⭐⭐⭐⭐⭐
技术掌握	多边形建模

🔍 扫码深度学习

💡 操作思路

本例通过将模型转换为可编辑多边形，并进行编辑操作，制作出新中式茶几模型。

🖱 案例效果

案例效果如图5-585所示。

图5-585

🎤 操作步骤

01 在【顶】视图中创建如图5-586所示的长方体，设置【长度】为1000.0mm、【宽度】为1500.0mm、【高度】为50.0mm，如图5-587所示。

图5-586

图5-587

02 选择模型，并将其转换为可编辑多边形，如图5-588所示。

图5-588

03 进入【边】级别，选择如图5-589所示的边。单击【连接】后面的【设置】按钮，设置【分段】为2、【收缩】为92，如图5-590所示。

图5-589

图5-590

04 选择如图5-591所示的边。单击【连接】后面的【设置】按钮，

设置【分段】为2、【收缩】为88，如图5-592所示。

图5-591

图5-592

05 进入【多边形】级别，选择如图5-593所示的多边形。单击【挤出】后面的【设置】按钮，设置【高度】为800.0mm，如图5-594所示。

图5-593

图5-594

06 进入【边】级别，选择如图5-595所示的边。单击【连接】后面的【设置】按钮，设置【分段】为1、【滑块】为88，如图5-596所示。

07 进入【多边形】级别，选择如图5-597所示的多边形。单击【挤出】后面的【设置】按钮，设置【高度】为300.0mm，如

图5-598所示。

图5-595

图5-596

图5-597

图5-598

08 进入【边】级别，选择如图5-599所示的边。单击【连接】后面的【设置】按钮，设置【分段】为1、【滑块】为67，如图5-600所示。

图5-599

图5-600

09进入【多边形】级别▣，选择如图5-601所示的多边形。单击【挤出】后面的【设置】按钮▣，设置【高度】为150.0mm，如图5-602所示。

图5-601

图5-602

10进入【边】级别✓，选择如图5-603所示的边。单击【连接】后面的【设置】按钮▣，设置【分段】为1、【滑块】为36，如图5-604所示。

图5-603

图5-604

11进入【多边形】级别▣，选择如图5-605所示的多边形。单击【挤出】后面的【设置】按钮▣，设置【高度】为150.0mm，如图5-606所示。

图5-605

图5-606

12进入【边】级别✓，选择如图5-607所示的边。单击【连接】后面的【设置】按钮▣，设置【分段】为1、【滑块】为33，如图5-608所示。

图5-607

图5-608

13进入【多边形】级别▣，选择如图5-609所示的多边形。单击【挤出】后面的【设置】按钮▣，设置【高度】为902.5mm，如图5-610所示。

图5-609

图5-610

14在【顶】视图中创建如图5-611所示的长方体，设置【长度】为50.0mm、【宽度】为1100.0mm、【高度】为48.0mm，如图5-612所示。

图5-611

图5-612

15此时模型创建完成，效果如图5-613所示。

图5-613

实例070	多边形建模制作单人沙发
文件路径	第5章\多边形建模制作单人沙发
难易指数	★★★★★
技术掌握	多边形建模

扫码深度学习

操作思路

本例通过将模型转换为可编辑多边形，并进行编辑操作，制作出单人沙发模型。

案例效果

案例效果如图5-614所示。

图5-614

操作步骤

01 在【顶】视图中创建如图5-615所示的长方体，设置【长度】为1550.0mm、【宽度】为1200.0mm、【高度】为350.0mm，如图5-616所示。

图5-615

图5-616

02 选择模型，并将模型装换为可编辑多边形，如图5-617所示。

图5-617

03 进入【边】级别，选择如图5-618所示的边。单击【切角】后面的【设置】按钮，设置【边切角量】为15.0mm、【连接边分段】为4，如图5-619所示。

图5-618

图5-619

04 选择如图5-620所示的边，单击【利用所选内容创建图形】按钮 利用所选内容创建图形，在弹出的【创建图形】对话框中设置【曲线名】为01，选中【线性】单选按钮，最后单击【确定】按钮，如图5-621所示。

图5-620

图5-621

05 选择如图5-622所示的线，展开【渲染】卷展栏，选中【在渲染中启用】和【在视口中启用】复选框，设置【厚度】为10.0mm，如图5-623所示。

06 接着为模型加载【网格平滑】修改器，并设置【迭代次数】为3，如图5-624所示。

图5-622

图5-623

图5-624

07 效果如图5-625所示。进入【多边形】级别，选择如图5-626所示的多边形，并沿Z轴向上拖动，效果如图5-627所示。

图5-625

图5-626

图5-627

08 此时模型的效果如图5-628所示。

图5-628

09 在【前】视图中创建如图5-629所示的长方体,并将其移动到合适的位置。设置【长度】为1200.0mm、【宽度】为1200.0mm、【高度】为350.0mm,如图5-630所示。

图5-629

参数
长度: 1200.0mm
宽度: 1200.0mm
高度: 350.0mm
长度分段: 1
宽度分段: 1
高度分段: 1

图5-630

10 创建出的模型如图5-631所示。

图5-631

11 在【透视】视图中选择模型,如图5-632所示,沿X轴向左旋转-10°,如图5-633所示。

图5-632

图5-633

12 将模型移动到合适的位置,如图5-634所示。

图5-634

13 在【左】视图中创建如图5-635所示的长方体,移动到合适的位置。设置【长度】为1000.0mm、【宽度】为1550.0mm、【高度】为350.0mm,如图5-636所示。

图5-635

参数
长度: 1000.0mm
宽度: 1550.0mm
高度: 350.0mm
长度分段: 1
宽度分段: 1
高度分段: 1

图5-636

14 创建出的模型如图5-637所示。

图5-637

15 进入【顶点】级别,选择如图5-638所示的顶点。沿X轴向右移动,如图5-639所示。

图5-638

图5-639

16 进入【边】级别,选择如图5-640所示的边。单击【利用所选内容创建图形】按钮 利用所选内容创建图形,在弹出的【创建图形】对话框中设置【曲线名】为03,选中【线性】单选按钮,最后单击【确定】按钮,如图5-641所示。

图5-640

创建图形
曲线名: 03
图形类型: ○ 平滑 ● 线性
确定 取消

图5-641

17 选择如图5-642所示的线，展开【渲染】卷展栏，选中【在渲染中启用】和【在视口中启用】复选框，设置【厚度】为10.0mm，如图5-643所示。

18 接着为模型加载【网格平滑】修改器，设置【迭代次数】为3，如图5-644所示。

图5-642

图5-643　　　　图5-644

19 效果如图5-645所示。进入【多边形】级别■，选择如图5-646所示的多边形，沿X轴向右拖动，效果如图5-647所示。

图5-645

图5-646

图5-647

20 选择如图5-648所示的多边形，沿X轴向左拖动，效果如图5-649所示。

图5-648

图5-649

21 选择如图5-650所示的多边形，沿Y轴向右拖动，效果如图5-651所示。

图5-650

图5-651

22 此时查看模型效果，如图5-652所示。

图5-652

23 在【透视】视图中选择如图5-653所示的模型，按住Shift键，沿X轴向右拖动复制，如图5-654所示。

图5-653

图5-654

24 单击【镜像】按钮■，在弹出的【镜像:世界 坐标】对话框中选择X和【实例】选项，如图5-655所示。效果如图5-656所示。

图5-655

图5-656

25 在【顶】视图中创建如图5-657所示的圆锥体，设置【半径1】为50.0mm、【半径2】为90.0mm、【高度】为450.0mm、【边数】为30，如图5-658所示。

图5-657

图5-658

26 在【透视】视图中选择刚刚创建的模型，如图5-659所示，按住Shift键，拖动复制出3个模型，如图5-660所示。

图5-659

图5-660

27 将复制的3个模型移动到合适位置，效果如图5-661所示。

图5-661

实例071	多边形建模制作茶几
文件路径	第5章\多边形建模制作茶几
难易指数	★★★★★
技术掌握	多边形建模

🔍扫码深度学习

💡 **操作思路**

本例通过将模型转换为可编辑多边形，并进行编辑操作，制作出茶几模型。

👆 **案例效果**

案例效果如图5-662所示。

图5-662

🎤 **操作步骤**

01 单击菜单栏中的【自定义】|【单位设置】命令，弹出【单位设置】对话框，将【显示单位比例】和【系统单位比例】设置为【毫米】，如图5-663所示。

图5-663

02 在视图中创建一个长方体，并设置【长度】为2000.0mm、【宽度】为900.0mm、【高度】为100.0mm，如图5-664所示。

图5-664

03 选择创建的模型，为其加载【编辑多边形】修改器，如图5-665所示。

图5-665

04 进入【边】级别，选择如图5-666所示的边。单击【连接】按钮后面的【设置】按钮，并设置【分段】为1、【收缩】为0，如图5-667所示。

图5-666

图5-667

05 进入【多边形】级别 ■，选择如图5-668所示的多边形，单击【挤出】按钮后面的【设置】按钮 ■，并设置【高度】为200.0mm，如图5-669所示。

图5-668

图5-669

06 进入【多边形】级别 ■，选择如图5-670所示的多边形，单击【插入】按钮后面的【设置】按钮 ■，设置【数量】为20.0mm，如图5-671所示。

07 进入【多边形】级别 ■，选择如图5-672所示的多边形，单击【挤出】按钮后面的【设置】按钮 ■，设置【高度】为50.0mm，如图5-673所示。

图5-670

图5-671

图5-672

图5-673

08 进入【边】级别 ◁，选择如图5-674所示的边。单击【连接】按钮后面的【设置】按钮 ■，并设置【分段】为1，【滑块】为-80，如图5-675所示。

09 进入【多边形】级别 ■，选择如图5-676所示的多边形。单击【挤出】按钮后面的【设置】按钮 ■，并设置【高度】为1000.0mm，如图5-677所示。

图5-674

图5-675

图5-676

图5-677

10 进入【边】级别 ◁，选择如图5-678所示的边。单击【连接】按钮后面的【设置】按钮 ■，并设置【分段】为1.1，【滑块】为80，如图5-679所示。

图5-678

图5-679

11 进入【多边形】级别■，选择如图5-680所示的多边形，单击【挤出】按钮后面的【设置】按钮■，并设置【高度】为1900.0mm，如图5-681所示。

图5-680

图5-681

12 最终模型效果如图5-682所示。

图5-682

实例072　多边形建模制作弯曲台灯

文件路径	第5章＼多边形建模制作弯曲台灯
难易指数	★★★★★
技术掌握	多边形建模

🔍扫码深度学习

💡操作思路

本例通过将模型转换为可编辑多

边形，并进行编辑操作，制作出弯曲台灯模型。

🖱案例效果

案例效果如图5-683所示。

图5-683

🎤操作步骤

01 在【顶】视图中创建如图5-684所示的圆锥体，设置【半径1】为300.0mm、【半径2】为0.0mm、【高度】为300mm、【边数】为30，如图5-685所示。

图5-684

参数
半径1：300.0mm
半径2：0.0mm
高度：300.0mm
高度分段：1
端面分段：1
边数：30
✔平滑
启用切片

图5-685

02 选择模型，并将模型转换为可编辑多边形，如图5-686所示。

图5-686

---

03 进入【多边形】级别■，在【透视】视图中选择如图5-687所示的多边形。单击【倒角】后面的【设置】按钮■，设置【高度】为-290.0mm、【轮廓】为-295.0mm，如图5-688所示。

图5-687

图5-688

04 在【顶】视图中创建如图5-689所示的切角圆柱体，设置【半径】为40.0mm、【高度】为30.0mm、【圆角】为5.0mm、【圆角分段】为10、【边数】为30，如图5-690所示。

图5-689

参数
半径：40.0mm
高度：30.0mm
圆角：5.0mm
高度分段：1
圆角分段：10
边数：30
端面分段：1

图5-690

05 在【顶】视图中创建如图5-691所示的圆柱体，设置【半径】为10.0mm、【高度】为1200.0mm、【高度分段】为20、【边数】为30，如图5-692所示。

图5-691

图5-692

06 将模型转换为可编辑多边形，进入【顶点】级别，并选择如图5-693所示的顶点。

图5-693

07 为模型加载FFD4x4x4修改器，选择【控制点】选项，如图5-694所示。在【左】视图中选择控制点，并沿Y轴向右拖动，如图5-695所示。

图5-694

图5-695

08 选择如图5-696所示的控制点，沿Y轴向左移动，如图5-697所示。

图5-696

图5-697

09 选择如图5-698所示的控制点，沿Y轴向下进行等比缩放，如图5-699所示。

图5-698

图5-699

10 将模型移动到合适的位置，如图5-700所示。

图5-700

11 在【顶】视图中创建如图5-701所示的球体，设置【半径】为315.0mm、【分段】为70、【半球】为0.75，如图5-702所示。

图5-701

图5-702

12 在【顶】视图中创建如图5-703所示的圆柱体，设置【半径】为224.0mm、【高度】为15.0mm、【边数】为30，如图5-704所示。

图5-703

图5-704

13 此时模型创建完成，效果如图5-705所示。

图5-705

实例073 多边形建模制作圆桌

文件路径	第5章\多边形建模制作圆桌
难易指数	★★★★★
技术掌握	多边形建模

扫码深度学习

操作思路

本例通过将模型转换为可编辑多边形，并进行编辑操作，制作出圆桌模型。

案例效果

案例效果如图5-706所示。

图5-706

操作步骤

01 在【前】视图中创建如图5-707所示的长方体，设置【长度】为1500.0mm、【宽度】为55.0mm、【高度】为100.0mm，如图5-708所示。

图5-707

参数	
长度	1500.0mm
宽度	55.0mm
高度	100.0mm
长度分段	1
宽度分段	1
高度分段	1

图5-708

02 选择模型，并将模型转换为可编辑多边形，如图5-709所示。

图5-709

03 进入【边】级别，选择如图5-710所示的边。单击【连接】后面的【设置】按钮，设置【分段】为1、【滑块】为35，如图5-711所示。

图5-710

图5-711

04 进入【顶点】级别，选择如图5-712所示的顶点。沿Y轴向左移动，如图5-713所示。

05 选择如图5-714所示的顶点，沿Y轴向左移动，如图5-715所示。

图5-712

图5-713

图5-714

06 进入【边】级别，选择如图5-716所示的边。单击【切角】后面的【设置】按钮，设置【边切角量】为3.0mm，如图5-717所示。

图5-715

图5-716

图5-717

07 为模型加载【网格平滑】修改器，设置【迭代次数】为3，如图5-718所示。效果如图5-719

所示。

图5-718

图5-719

08 在【顶】视图中创建如图5-720所示的切角圆柱体，设置【半径】为1000.0mm、【高度】为50.0mm、【圆角】为16.62mm、【圆角分段】为10、【边数】为40，如图5-721所示。效果如图5-722所示。

图5-720

图5-721

图5-722

09 在【顶】视图中选择如图5-723所示的模型，进入【层次】面板 ，单击【仅影响轴】按钮 [仅影响轴]，并将轴移动到中心，如图5-724所示。

图5-723

图5-724

10 在菜单栏中执行【工具】|【阵列】命令，如图5-725所示。在弹出的【阵列】对话框中，单击【旋转】后面的 > 按钮，设置Z轴为360.0度、1D为4，最后单击【确定】按钮，如图5-726所示。效果如图5-727所示。

图5-725

图5-726

图5-727

11 在【顶】视图中创建如图5-728所示的长方体，设置【长度】为900.0mm、【宽度】为900.0mm、【高度】为180.0mm，如图5-729所示。

图5-728

图5-729

12 将模型转换为可编辑多边形，进入【边】级别 ，选择如图5-730所示的边。单击【切角】后面的【设置】按钮 ，并设置【边切角量】为2.0mm，如图5-731所示。

图5-730

图5-731

13 进入【多边形】级别▦，选择如图5-732所示的多边形。单击【插入】后面的【设置】按钮▣，设置【数量】为20.0mm，如图5-733所示。

图5-732

图5-733

14 单击【挤出】后面的【设置】按钮▣，设置【数量】为-10.0mm，如图5-734所示。

图5-734

15 模型创建完成，效果如图5-735所示。

图5-735

提示
模型的半透明显示

在制作模型时，由于模型是三维的，所以很多时候观看起来不方便，因此可以把模型半透明显示。选择模型，按Alt+X快捷键，模型变为半透明显示，如图5-736所示。

图5-736

再次选择模型，按Alt+X快捷键，模型重新变为实体显示，如图5-737所示。

图5-737

实例074	多边形建模制作艺术花瓶
文件路径	第5章\多边形建模制作艺术花瓶
难易指数	★★★★★
技术掌握	多边形建模

🔍扫码深度学习

💡**操作思路**

本例通过将模型转换为可编辑多边形，并进行编辑操作，制作出艺术花瓶模型。

🖱️**案例效果**

案例效果如图5-738所示。

图5-738

🎤**操作步骤**

01 利用【圆柱体】工具在【顶】视图中创建一个圆柱体，如图5-739所示，并设置【半径】为50.0mm、【高度】为170.0mm、【高度分段】为12、【边数】为30，如图5-740所示。

图5-739

图5-740

▼ 参数
半径: 50.0mm
高度: 170.0mm
高度分段: 12
端面分段: 1
边数: 30
✓ 平滑
▢ 启用切片

02 为其加载【编辑多边形】修改器，接着进入【顶点】级别▦，使用▦（选择并均匀缩放）工具调节顶点的位置，如图5-741所示。

图5-741

03 再为其加载FDD3×3×3修改器，在【控制点】级别下，调整点的位置，如图5-742所示。

图5-742

04 选择创建的模型，为其加载【编辑多边形】修改器，在【顶点】级别下，单击【切割】按钮 切割 ，对模型进行切割，如图5-743所示。

图5-743

05 在【多边形】级别下，选择如图5-744所示的多边形，按Delete键删除，如图5-745所示。

图5-744

图5-745

06 为其加载【对称】修改器，设置【镜像轴】为Y轴，取消选中【沿镜像轴切片】复选框，效果如图5-746所示。

图5-746

07 再为其加载【编辑多边形】修改器，在【多边形】级别下，选择如图5-747所示的多边形，按Delete键删除，如图5-748所示。

图5-747

图5-748

08 选择如图5-749所示的多边形，单击【分离】按钮后面的【设置】按钮，取消选中【分离到元素】复选框，如图5-750所示。

图5-749

图5-750

09 选择分离出来的模型，如图5-751所示。为其加载【细化】修改器，设置【迭代次数】为2，如图5-752所示。

图5-751

图5-752

10 为其加载【噪波】修改器，设置【比例】为20.0，X为3.0mm、Y为3.0mm、Z为3.0mm，如图5-753所示。效果如图5-754所示。

图5-753

图5-754

11 为其加载【优化】修改器，设置【面阈值】为4.0、【偏移】为0.03，如图5-755所示。效果如图5-756所示。

图5-755

图5-756

12 选择创建的模型，为其加载【编辑多边形】修改器，在【边】级别下，选择如图5-757所示的边，单击【创建图形】按钮后面的【设置】按钮，设置【图形类型】为【平滑】，如图5-758所示。

图5-757

图5-758

13 选择上一步中创建的线，进入【修改】面板，然后在【渲染】卷展栏下选中【在渲染中启用】和【在视口中启用】复选框，接着选中【径向】复选框，设置【厚度】为2.0mm、【边】为12，效果如图5-759所示。删除多余模型，效果如图5-760所示。

图5-759

图5-760

14 最终模型效果如图5-761所示。

图5-761

实例075	多边形建模制作组合柜子
文件路径	第5章\多边形建模制作组合柜子
难易指数	★★★★★
技术掌握	多边形建模

扫码深度学习

操作思路

本例通过将模型转换为可编辑多边形，并进行编辑操作，制作出组合柜子模型。

案例效果

案例效果如图5-762所示。

图5-762

操作步骤

01 利用【长方体】工具在【前】视图中创建一个长方体，如图5-763所示。设置【长度】为1000.0mm、【宽度】为1000.0mm、【高度】为300.0mm、【长度分段】为2、【宽度分段】为2，如图5-764所示。

图5-763

图5-764

02 为其加载【编辑多边形】修改器，进入【多边形】级别，选择如图5-765所示的多边形，单击【插入】按钮后面的【设置】按钮，设置为【按多边形】，【数量】为15.0mm。

图5-765

03 进入【边】级别◁，选择左上方两条边和右下方的两条边，单击【连接】按钮后面的【设置】按钮▣，设置【分段】为1，如图5-766所示。

图5-766

04 单击【切角】按钮后面的【设置】按钮▣，设置【边切角量】为15.0mm，如图5-767所示。

图5-767

05 选择如图5-768所示的边。

图5-768

06 单击【连接】按钮后面的【设置】按钮▣，设置【分段】为1，如图5-769所示。

图5-769

07 单击【切角】按钮后面的【设置】按钮▣，设置【边切角量】为15.0mm，如图5-770所示。

图5-770

08 进入【多边形】级别▣，选择如图5-771所示的多边形。

图5-771

09 单击【挤出】按钮后面的【设置】按钮▣，设置【高度】为-280.0mm，如图5-772所示。

图5-772

10 进入【顶点】级别⣿，选择如图5-773所示的点。

图5-773

11 使用【选择并均匀缩放】工具▣沿Z轴缩放，如图5-774所示。

图5-774

12 进入【顶点】级别⣿，选择如图5-775所示的点，使用【选择并均匀缩放】工具▣沿X轴缩放。

图5-775

13 进入【边】级别◁，选择如图5-776所示的边。

图5-776

14 单击【切角】按钮后面的【设置】按钮◻，设置【边切角量】为2.0mm、【分段】为3，如图5-777所示。

图5-777

15 最终模型效果如图5-778所示。

图5-778

实例076	多边形建模制作斗柜
文件路径	第5章\多边形建模制作斗柜
难易指数	★★★★★
技术掌握	多边形建模

◎扫码深度学习

操作思路

本例通过将模型转换为可编辑多边形，并进行编辑操作，制作出斗柜模型。

案例效果

案例效果如图5-779所示。

图5-779

操作步骤

01 单击【创建】➕ |【几何体】● | 标准基本体 ▾ | 长方体 按钮，在【顶】视图中创建一个长方体，进入【修改】面板修改参数，设置【长度】为450.0mm、【宽度】为700.0mm、【高度】为780.0mm、【长度分段】为1、【宽度分段】为1、【高度分段】为1，如图5-780所示。

图5-780

02 选择创建的长方体，将其转换为可编辑多边形，接着在【边】级别◁下选择如图5-781所示的边，然后单击【连接】按钮后面的【设置】按钮◻，并设置【连接分段】为3，如图5-782所示。

图5-781

图5-782

03 接着在【多边形】级别■下选择如图5-783所示的多边形，然后单击【插入】按钮后面的【设置】按钮◻，并设置【插入方式】为【按多边形】，设置【数量】为40.0mm，如图5-784所示。

图5-783

图5-784

04 保持选择的多边形不变，单击【倒角】按钮后面的【设置】按钮◻，设置【高度】为-5.0mm，【轮廓】为-3.0mm，如图5-785所示。

图5-785

05 再次单击【倒角】按钮后面的【设置】按钮■，设置【高度】为-5.0mm，【轮廓】为1.0mm，如图5-786所示。

图5-786

06 再次单击【倒角】按钮后面的【设置】按钮■，设置【高度】为-1.5mm，【轮廓】为-3.0mm，如图5-787所示。

图5-787

07 执行三次倒角之后的模型效果如图5-788所示。

图5-788

08 接着在【边】级别下选择如图5-789所示的边，然后单击【切角】按钮后面的【设置】按钮■，并设置【边切角量】为2.0mm、【分段】为3，如图5-790所示。

09 在长方体上方再创建一个长方体，进入【修改】面板，设置【长度】为480.0mm、【宽度】为720.0mm、【高度】为5.0mm，如

图5-791所示。

图5-789

图5-790

图5-791

10 选择刚刚创建的长方体，然后将其转换为可编辑多边形，接着在【多边形】级别■下选择如图5-792所示的多边形。

图5-792

11 单击【倒角】按钮后面的【设置】按钮■，设置【高度】为15.0mm、【轮廓】为-10.0mm，如图5-793所示。再次单击【设置】按钮■，设置【高度】为5.0mm、【轮廓】

为-0.5mm，如图5-794所示。

图5-793

图5-794

12 再次单击【倒角】按钮后面的【设置】按钮■，设置【高度】为2.0mm、【轮廓】为-1.5mm，如图5-795所示。

图5-794

13 选择如图5-796所示的多边形。

图5-796

14 再次执行与上面方法相同的3次倒角操作，制作出如图5-797所示的模型。

图5-797

15 接着在【边】级别 ✍下选择如图5-798所示的边，然后单击【切角】按钮后面的【设置】按钮 ▫，设置【边切角量】为1.5mm、【分段】为3。

图5-798

16 选择制作好的长方体，使用【选择并移动】工具复制到柜子下方，如图5-799所示。对其进行缩放，如图5-800所示。

图5-799

图5-800

17 继续创建一个长方体，设置【长度】为450.0mm、【宽度】为700.0mm、【高度】为30.0mm，如图5-801所示。

图5-801

18 使用【样条线】下的【线】工具在【前】视图中绘制如图5-802所示的形状。

图5-802

19 为创建的图形加载【挤出】修改器，设置挤出【数量】为10.0mm，如图5-803所示。

图5-803

20 下面制作柜子腿。创建一个长方体，设置【长度】为130.0mm、【宽度】为45.0mm、【高度】为45.0mm。使用【选择并移动】工具复制3个柜子腿放置在柜子的下面，如图5-804所示。

21 最终建模的效果如图5-805所示。

图5-804

图5-805

5.1 多边形建模制作创意茶几

文件路径	第5章 \ 多边形建模制作创意茶几
难易指数	★★★★★
技术掌握	多边形建模

扫码深度学习

操作思路

本例通过将模型转换为可编辑多边形，并进行编辑操作，制作出创意茶几模型。

案例效果

案例效果如图5-806所示。

图5-806

操作步骤

实例077 多边形建模制作茶几模型

01 单击【创建】 ➕ |【几何体】 ● | ▬长方体▬ 按钮，在【顶】视图中拖动并创建一个长方体，接着在【修改】面板下设置【长度】为2000.0mm、【宽度】为2000.0mm、【高度】为100.0mm，如图5-807所示。

图5-807

02 选择模型，单击右键，在弹出的快捷菜单中选择【转换为】|【转换为可编辑多边形】命令，如图5-808所示。

图5-808

03 在【边】级别 ▱ 下，选择如图5-809所示的边。单击【连接】按钮后面的【设置】按钮 ▣ ，设置【分段】为2、【收缩】为70，如图5-810所示。

图5-809

图5-810

04 在【边】级别 ▱ 下，选择如图5-811所示的边。单击【连接】按钮后面的【设置】按钮 ▣ ，设置【分段】为2、【收缩】为70，如图5-812所示。

图5-811

图5-812

05 进入【多边形】级别 ▰ ，在【透视】视图中选择如图5-813所示的多边形。单击【挤出】按钮后面的【设置】按钮 ▣ ，设置【高度】为240.0mm，如图5-814所示。

图5-813

图5-814

实例078　多边形建模制作树枝造型

01 在【修改】面板下，展开【编辑几何体】卷展栏，单击【切割】按钮，并在模型上描绘如图5-815所示的图形。

图5-815

02 进入【多边形】级别▓，在【透视】视图中选择如图5-816所示的多边形，单击【分离】按钮，并选中【以克隆对象分离】复选框，如图5-817所示。

图5-816

图5-817

03 最终模型的效果如图5-818所示。

图5-818

5.2　多边形建模制作方形脚凳

文件路径	第5章\多边形建模制作方形脚凳
难易指数	★★★★☆
技术掌握	多边形建模

扫码深度学习

操作思路

　　本例通过将模型转换为可编辑多边形，并进行编辑操作，制作出方形脚凳模型。

案例效果

　　案例效果如图5-819所示。

图5-819

操作步骤

实例079　多边形建模制作坐垫

01 单击【创建】➕|【几何体】●| 长方体 按钮，在【顶】视图中拖动并创建一个长方体，接着在【修改】面板下设置【长度】为2000.0mm、【宽度】为2000.0mm、【高度】为280.0mm、【长度分段】为1、【宽度分段】为1、【高度分段】为1，如图5-820所示。

图5-820

02 选择长方体，并在列表中加载【编辑多边形】修改器，在【边】级别 下，选择如图5-821所示的边。单击 连接 按钮后面的【设置】按钮▫，设置【分段】为2，如图5-822所示。

03 在【边】级别 ◁ 下，选择如图5-823所示的边。单击【连接】按钮后面的【设置】按钮◻，设置【分段】为2，如图5-824所示。

图5-821

图5-822

图5-823

图5-824

04 在【边】级别 ◁ 下，选择如图5-825所示的边。单击【连接】按钮后面的【设置】按钮◻，设置【分段】为2、【收缩】为68，如图5-826所示。

05 在【边】级别 ◁ 下，选择如图5-827所示的边。单击【连接】按钮后面的【设置】按钮◻，设置【分段】

为1、【滑块】为-70，如图5-828所示。

图5-825

图5-826

图5-827

图5-828

06 在【边】级别 ◁ 下，选择如图5-829所示的边。单击【连接】按钮后面的【设置】按钮◻，设置【分段】为1、【滑块】为-70，如图5-830所示。

07 在【边】级别 ◁ 下，选择如图5-831所示的边。单击【连接】按钮后面的【设置】按钮◻，设置【分段】为1、【滑块】为-70，如图5-832所示。

图5-829

图5-830

图5-831

图5-832

08 在【边】级别 ◁ 下，选择如图5-833所示的边。单击【连接】按钮后面的【设置】按钮◻，并设置【分段】为1、【滑块】为-70，如图5-834所示。

图5-833

图5-834

09 在【边】级别◁下，选择如图5-835所示的边。单击【连接】按钮后面的【设置】按钮▣，设置【分段】为1、【滑块】为-70，如图5-836所示。

图5-835

图5-836

10 在【边】级别◁下，选择如图5-837所示的边。单击【连接】按钮后面的【设置】按钮▣，设置【分段】为1、【滑块】为-70，如图5-838所示。

11 在【边】级别◁下，选择如图5-839所示的边。单击【连接】按钮后面的【设置】按钮▣，设置【分段】为1、【滑块】为-70，如图5-840所示。

图5-837

图5-838

图5-839

图5-840

12 在【边】级别◁下，选择如图5-841所示的边。单击【连接】按钮后面的【设置】按钮▣，设置【分段】为1、【滑块】为-70，如图5-842所示。

图5-841

图5-842

13 在【边】级别◁下，选择如图5-843所示的边。单击【连接】按钮后面的【设置】按钮▣，设置【分段】为1、【滑块】为-70，如图5-844所示。

图5-843

图5-844

14 在【边】级别◁下，选择如图5-845所示的边。单击【连接】按钮后面的【设置】按钮▣，设置【分段】为1、【滑块】为-70，如图5-846所示。

图5-845

图5-846

15 在【边】级别◁下，选择如图5-847所示的边。单击【连接】按钮后面的【设置】按钮□，设置【分段】为1、【滑块】为-70、如图5-848所示。

图5-847

图5-848

16 在【边】级别 下，选择如图5-849所示的边。单击【连接】按钮后面的【设置】按钮□，设置【分段】为1、【滑块】为-70、如图5-850所示。

图5-849

图5-850

17 在【顶点】级别 下，选择如图5-851所示的顶点。单击【切角】按钮后面的【设置】按钮□，设置【边切角量】为35.0mm，如图5-852所示。

图5-851

图5-852

18 进入【多边形】级别 ，在【透视】视图中选择如图5-853所示的多边形，然后单击【挤出】按钮后面的【设置】按钮□，设置【高度】为-100.0mm，如图5-854所示。

图5-853

图5-854

19 在【顶点】级别 下，选择如图5-855所示的顶点。使用【选择并移动】工具 调整点的位置，如图5-856所示。

图5-855

图5-856

20 选择上一步创建的样条线，单击右键，选择【转换为】|【转换为可编辑多边形】命令，如图5-857所示。

图5-857

21 选择上一步创建的模型，为其加载【网格平滑】修改器，设置【迭代次数】为3，如图5-858所示。

图5-858

22 在【边】级别 下，选择如图5-859所示的边。单击【利用所选内容创建图形】按钮，设置【图形类型】为【线性】，如图5-860所示。

图5-859

图5-860

23 选择上一步选择的线，如图5-861所示，在【渲染】选项组下分别选中【在渲染中启用】和【在视口中启用】复选框，设置【厚度】为30.0mm，如图5-862所示。

图5-861

图5-862

24 选择上一步创建的模型，为其加载【网格平滑】修改器，设置【迭代次数】为3，如图5-863所示。

图5-863

实例080 多边形建模制作方形模型

01 单击【创建】 ➕ | 【几何体】 ● | 长方体 按钮，在【顶】视图中拖动并创建一个长方体，接着在【修改】面板下设置【长度】为2000.0mm、【宽度】为2000mm、【高度】为1800mm、【长度分段】为1、【宽度分段】为1、【高度分段】为1，如图5-864所示。

图5-864

02 选择长方体，并在修改器列表中加载【编辑多边形】修改器，在【边】级别 ◁ 下，选择如图5-865所示的边。单击【连接】按钮后面的【设置】按钮 □，设置【分段】为2、【收缩】为90，其余的3个面分别连接，如图5-866所示。

图5-865

图 5-866

03 在【边】级别 ◁ 下，选择如图5-867所示的边。单击【连接】按钮后面的【设置】按钮 □，设置【分段】为2、【收缩】为90，如图5-868所示。

图 5-867

图 5-868

04 选择上一步的模型，为其加载【网格平滑】修改器，设置【迭代次数】为3，如图5-869所示。

05 最终模型效果如图5-870所示。

图 5-869

图 5-870

5.3 多边形建模制作中式桌椅

文件路径	第5章＼多边形建模制作中式桌椅
难易指数	★★★★☆
技术掌握	多边形建模

扫码深度学习

操作思路

　　本例通过将模型转换为可编辑多边形，并进行编辑操作，制作出中式桌椅模型。

案例效果

　　案例效果如图5-871所示。

图 5-871

操作步骤

实例081　多边形建模制作中式桌子

01 利用【长方体】工具在【顶】视图中创建一个长方体，如图5-872所示，设置【长度】为450.0mm、

【宽度】为300.0mm、【高度】为20.0mm、【高度分段】为3，如图5-873所示。

图5-872

图5-873

02 选择创建的长方体，为其加载【编辑多边形】修改器，在【边】级别下，选择如图5-874所示的边，使用【选择并均匀缩放命令】工具对其进行均匀缩放，如图5-875所示。

图5-874

图5-875

03 选择所有的边，单击【切角】按钮后面的【设置】按钮，设置【边切角量】为3.0mm、【分段】为

10，如图5-876所示。

图5-876

04 选择创建的模型，为其加载【编辑多边形】修改器，在【多边形】级别下，选择如图5-877所示的多边形。单击【插入】按钮后面的【设置】按钮，设置【数量】为20.0mm，如图5-878所示。

图5-877

图5-878

05 保持选择上一步的多边形，单击【挤出】按钮后面的【设置】按钮，设置【高度】为15.0mm，如图5-879所示。

图5-879

06 在【边】级别下，选择如图5-880所示的边，单击【切角】按钮后面的【设置】按钮，设置【边切角量】为2.0mm、【分段】为10，如图5-881所示。

图5-880

图5-881

07 再次创建一个长方体，如图5-882所示，设置【长度】为420.0mm、【宽度】为270.0mm、【高度】为10.0mm，如图5-883所示。

图5-882

图5-883

08 选择上一步创建的模型，为其加载【编辑多边形】修改器，在【多边形】级别下，选择如图5-884所示的多边形。单击【挤出】按钮后面的【设置】按钮，设置【高度】为

10.0mm，如图5-885所示。

图5-884

图5-885

09 单击【挤出】按钮后面的【设置】按钮□，设置【高度】为 10.0mm，如图5-886所示。

图5-886

10 在【边】级别□下，选择如图5-887 所示的边，单击【连接】按钮后面的【设置】按钮□，设置【分段】为2、【收缩】为85，如图5-888 所示。

图5-887

图5-888

11 选择如图5-889所示的边，单击【连接】按钮后面的【设置】按钮□，设置【分段】为2、【收缩】为80，如图5-890所示。

图5-889

图5-890

12 进入【多边形】级别□，选择如图5-891所示的多边形。单击【挤出】按钮后面的【设置】按钮□，设置【高度】为20.0mm，如图5-892所示。

图5-891

图5-892

13 单击【挤出】按钮后面的【设置】按钮□四次，分别设置【高度】为20.0mm、240.0mm、20.0mm、20.0mm，最终效果如图5-893所示。

图5-893

14 进入【点】级别□，分别在【前】视图和【左】视图调整点的位置，如图5-894所示。

图5-894

15 进入【边】级别□，选择所有的边。单击【切角】按钮后面的【设置】按钮□，设置【边切角量】为1.0mm、【分段】为1，如图5-895所示。

16 选择上一步创建的长方体，如图5-896所示。为其加载【网格平滑】修改器，设置【迭代次数】为1，如图5-897所示。

图5-895

图5-896

图5-897

17 利用【长方体】工具在【前】视图创建一个长方体，如图5-898所示，设置【长度】为15.0mm、【宽度】为250.0mm、【高度】为25.0mm，如图5-899所示。

图5-898

图5-899

18 为其加载【编辑多边形】修改器，进入【边】级别，选择如图5-900所示的边。单击【连接】按钮后面的【设置】按钮，设置【分段】为2、【收缩】为80，如图5-901所示。

图5-900

图5-901

19 进入【多边形】级别，选择如图5-902所示的多边形。单击【挤出】按钮后面的【设置】按钮，设置【高度】为395.0mm，如图5-903所示。

图5-902

图5-903

20 再次进入【边】级别，选择如图5-904所示的边。单击【连接】按钮后面的【设置】按钮，设置【分段】为1、【滑块】为88，如图5-905所示。

图5-904

图5-905

21 进入【多边形】级别，选择如图5-906所示的多边形。单击【挤出】按钮后面的【设置】按钮，设置【高度】为100.0mm，如图5-907所示。

图5-906

图5-907

22 保持选择上一步选择的多边形，按Delete键删除，如图5-908所示。进入【边】级别，单击【目标焊接】按钮，对边进行焊接，如图5-909所示。

图5-908

图5-909

23 选择如图5-910所示的边，单击【切角】按钮后面的【设置】按钮，设置【边切角量】为1.0mm、【分段】为1，如图5-911所示。

图5-910

图5-911

24 选择创建的长方体，为其加载【网格平滑】修改器，设置【迭代次数】为1，如图5-912所示。

图5-912

25 利用【长方体】工具，在【顶】视图中创建4个长方体，如图5-913所示，并设置【长度】为25.0mm、【宽度】为30.0mm、【高度】为10.0mm，如图5-914所示。

图5-913

图5-914

26 利用【线】工具在【前】视图中绘制如图5-915所示的样条线。

图5-915

27 选择其中一条样条线，进入【修改】面板，单击【附加】按钮，再单击其他几条样条线，使它们附加在一起，如图5-916和图5-917所示。

图5-916

图5-917

28 保持选择样条线，为其加载【挤出】修改器，设置【数量】为5.0mm，效果如图5-918所示。再为其加载【编辑多边形】修改器，进入【边】级别，选择如图5-919所示的边。

图5-918

图5-919

29 单击【切角】按钮后面的【设置】按钮，设置【边切角量】为1.0mm、【分段】为10.0mm，如图5-920所示。

图5-920

30按照多边形建模方法，做出其他7个花纹装饰，如图5-921所示。最终模型效果如图5-922所示。

图5-921

图5-922

实例082 多边形建模制作中式椅子

01利用【长方体】工具在【顶】视图中创建一个长方体，如图5-923所示，设置【长度】为450.0mm、【宽度】为450.0mm、【高度】为20.0mm，如图5-924所示。

图5-923

图5-924

02为其加载【编辑多边形】修改器，进入【边】级别，选择如图5-925所示的边，单击【连接】按钮后面的【设置】按钮，设置【分段】为2、【收缩】为70，如图5-926所示。

图5-925

图5-926

03选择如图5-927所示的边，再次单击【连接】按钮后面的【设置】按钮，设置【分段】为2、【收缩】为70，如图5-928所示。

04选择如图5-929所示的边，单击【切角】按钮后面的【设置】按钮，设置【边切角量】为4.0mm，如图5-930所示。

图5-927

图5-928

图5-929

图5-930

05进入【多边形】级别，选择如图5-931所示的多边形。单击【倒角】按钮后面的【设置】按钮，设置【高度】为2.0mm、【轮廓】为-3.0mm，如图5-932所示。

06进入【边】级别，选择如图5-933所示的边。单击【切角】按钮后面的【设置】按钮，设置【边切角量】为1.0mm、【分段】为10，如图5-934所示。

图5-931

图5-932

图5-933

图5-934

07 选择如图5-935所示的边，单击【切角】按钮后面的【设置】按钮，设置【边切角量】为4.0mm、【分段】为10，如图5-936所示。

图5-935

图5-936

08 进入【多边形】级别，选择如图5-937所示的多边形。单击【插入】按钮后面的【设置】按钮，设置【数量】为20.0mm，如图5-938所示。

图5-937

图5-938

09 单击【挤出】按钮后面的【设置】按钮。设置【高度】为15.0mm，如图5-939所示。

图5-939

10 进入【边】级别，选择如图5-940所示的边。单击【切角】按钮后面的【设置】按钮，设置【边切角量】为1.0mm、【分段】为10，如图5-941所示。

11 利用【线】工具在【顶】视图中绘制如图5-942所示的样条线，并在【渲染】卷展栏下选中【在渲染中启用】和【在视口中启用】复选框，接着选中【径向】单选按钮，设置【厚度】为20.0mm、【边】为30，如图5-943所示。

图5-940

图5-941

图5-942

图5-943

12 利用【长方体】工具在【前】视图创建一个长方体，如图5-944所示，设置【长度】为250.0mm、【宽度】为80.0mm、【高度】为15.0mm、【长度分段】为3，如图5-945所示。

13 为其加载编辑【多边形】修改器，进入【多边形】级别下，选择如图5-946所示的多边形，单击【插入】按钮后面的【设置】按钮，选择【按多边形】，设置【数量】为4.0mm，如图5-947所示。

图5-944

图5-945

图5-946

图5-947

14 单击【挤出】按钮后面的【设置】按钮，设置【数量】为-4.0mm，如图5-948所示。

15 进入【边】级别，选择如图5-949所示的边，单击【切角】按钮后面的【设置】按钮，设置【边切角量】为1.0mm、【分段】为5，如图5-950所示。

图5-948

图5-949

图5-950

16 选择如图5-951所示的模型，利用【选择并旋转】工具 c 旋转模型至合适的位置，如图5-952所示。

17 选择如图5-953所示的模型，为其加载【弯曲】修改器。

18 设置【角度】为30.0、【方向】为90.0，【弯曲轴】选择Y，如图5-954所示，效果如图5-955所示。

图5-951

图5-952

图5-953

图5-954

图5-955

19 选择如图5-956所示的模型，复制一份，如图5-957所示。

图5-956

图5-957

20 保持选择上一步复制的模型，利用【选择并均匀缩放】工具 ⬛ 缩放模型，如图5-958所示。

图5-958

21 利用多边形建模方法做出其他部分模型，如图5-959所示。

图5-959

22 最终模型效果如图5-960所示。

图5-960

5.4 多边形建模制作美式台灯

文件路径	第5章\多边形建模制作美式台灯
难易指数	⭐⭐⭐⭐⭐
技术掌握	多边形建模

🔍 扫码深度学习

💡 操作思路

本例通过将模型转换为可编辑多边形，并进行编辑操作，制作出美式台灯模型。

📖 案例效果

案例效果如图5-961所示。

图5-961

🎤 操作步骤

实例083 多边形建模制作美式台灯——灯罩

01 在【顶】视图中创建如图5-962所示的管状体，设置【半径1】为300.0mm、【半径2】为290.0mm、【高度】为500.0mm、【边数】为10，如图5-963所示。

图5-962

参数

半径1：300.0mm
半径2：290.0mm
高度：500.0mm
高度分段：5
端面分段：1
边数：10

图5-963

02 选择模型，将模型转换为可编辑多边形，如图5-964所示。

图5-964

03 为模型加载FFD4x4x4修改器，并选择【控制点】，如图5-965所示。在【透视】视图中选择如图5-966所示的控制点，并向内进行等比缩放，如图5-967所示。

图5-965

图5-966

图5-967

159

04 在【透视】视图中选择如图5-968所示的控制点，向外进行等比缩放，如图5-969所示。

图5-968

图5-969

05 为模型加载【编辑多边形】修改器，进入【边】级别，选择如图5-970所示的边。单击【创建图形】按钮后面的【设置】按钮，并在弹出的【创建图形】对话框中选中【线性】单选按钮，如图5-971所示。

图5-970

图5-971

06 选择刚刚创建的图形，如图5-972所示。在【渲染】卷展栏中选中【在渲染中启用】和【在视口中启用】复选框，设置【厚度】为3.0mm、【角度】为25.0，如图5-973所示。效果如图5-974所示。

图5-972

图5-973

图5-974

实例084 多边形建模制作美式台灯——灯柱

01 在【顶】视图中创建如图5-975所示的圆柱体，设置【半径】为20.0mm、【高度】为100.0mm、【边数】为30，如图5-976所示。将模型移动到合适的位置，效果如图5-977所示。

图5-975

图5-976

图5-977

02 在【顶】视图中创建如图5-978所示的圆锥体，设置【半径1】为45.0mm、【半径2】为20.0mm、【高度】为50.0mm、【边数】为30，如图5-979所示。将模型移动到合适的位置，如图5-980所示。

图5-978

图5-979

图5-980

03 在【透视】视图中将模型沿X轴向下复制旋转180°，如图5-981所示。

图5-981

04 在【顶】视图中创建如图5-982所示的圆环，设置【半径1】为20.0mm、【半径2】为5.0mm、【分段】为24、【边数】为30，如图5-983所示。

图5-982

半径1: 20.0mm
半径2: 5.0mm
旋转: 0.0
扭曲: 0.0
分段: 24
边数: 30

图5-983

05 在【顶】视图中创建如图5-984所示的管状体，设置【半径1】为45.0mm、【半径2】为20.0mm、【高度】为50.0mm、【边数】为30，如图5-985所示。将模型移动到合适的位置，如图5-986所示。

图5-984

半径1: 45.0mm
半径2: 20.0mm
高度: 50.0mm
高度分段: 1
端面分段: 1
边数: 30
☑ 平滑
☐ 启用切片

图5-985

图5-986

06 在【顶】视图中创建如图5-987所示的切角圆柱体，设置【半径】为200.0mm、【高度】为50.0mm、【圆角】为15.0mm、【圆角分段】为20、【边数】为30，如图5-988所示。

图5-987

半径: 200.0mm
高度: 50.0mm
圆角: 15.0mm
高度分段: 1
圆角分段: 20
边数: 30
端面分段: 1

图5-988

07 将模型移动到合适的位置，此时模型创建完成，如图5-989所示。

图5-989

5.5 多边形建模制作柜子

文件路径	第5章\多边形建模制作柜子
难易指数	★★★★★
技术掌握	多边形建模

🔍 扫码深度学习

💡 操作思路

本例通过将模型转换为可编辑多边形，并进行编辑操作，制作出柜子模型。

🖱 案例效果

案例效果如图5-990所示。

图5-990

🎙 操作步骤

实例085 多边形建模制作柜子——柜体

01 在【顶】视图中创建如图5-991所示的长方体，设置【长度】为800.0mm、【宽度】为1500.0mm、【高度】为1500.0mm，如图5-992所示。

图5-991

图5-992

02 选择模型，将模型转换为可编辑多边形，如图5-993所示。

图5-993

03 进入【边】级别，选择如图5-994所示的边。单击【连接】后面的【设置】按钮，设置【分段】为2、【收缩】为85，如图5-995所示。

图5-994

图5-995

04 选择如图5-996所示的边，单击【连接】后面的【设置】按钮，设置【分段】为2、【收缩】为85，如图5-997所示。

05 选择如图5-998所示的边，单击【连接】后面的【设置】按钮，设置【分段】为3，如图5-999所示。

图5-996

图5-997

图5-998

图5-999

06 选择如图5-1000所示的边，单击【连接】后面的【设置】按钮，设置【分段】为1，如图5-1001所示。

图5-1000

图5-1001

07 进入【多边形】级别，选择如图5-1002所示的多边形。单击【倒角】后面的【设置】按钮，选择【按多边形】，设置【高度】为5.0mm、【轮廓】为-10.0mm，如图5-1003所示。

图5-1002

图5-1003

08 单击【挤出】后面的【设置】按钮，设置【高度】为-720.0mm，如图5-1004所示。效果如图5-1005所示。

09 进入【边】级别，选择如图5-1006所示的边。单击【连接】后面的【设置】按钮，设置【分段】为1、【滑块】为-50，如图5-1007所示。

图5-1004

162

艺境 中文版3ds Max三维效果图设计与制作全视频 实践228例 溢彩版

图5-1005

图5-1006

图5-1007

10 进入【多边形】级别■，选择如图5-1008所示的多边形。单击【挤出】后面的【设置】按钮■，设置【高度】为600.0mm，如图5-1009所示。

图5-1008

图5-1009

11 进入【边】级别◁，选择如图5-1010所示的边。单击【连接】

后面的【设置】按钮■，设置【分段】为1、【滑块】为70，如图5-1011所示。

图5-1010

图5-1011

12 进入【多边形】级别■，选择如图5-1012所示的多边形。单击【倒角】后面的【设置】按钮■，选择【按多边形】，设置【高度】为5.0mm、【轮廓】为-10.0mm，如图5-1013所示。

图5-1012

图5-1013

13 单击【挤出】后面的【设置】按钮■，设置【高度】为-500.0mm，如图5-1014所示。

图5-1014

实例086 多边形建模制作柜子——柜腿和抽屉

01 在【前】视图中创建如图5-1015所示的长方体，设置【长度】为500.0mm、【宽度】为100.0mm、【高度】为100.0mm，如图5-1016所示。

图5-1015

图5-1016

02 将模型转换为可编辑多边形，进入【多边形】级别■，选择如图5-1017所示的多边形。再将其进行等比缩放，如图5-1018所示。

03 按住Shift键，将其拖动复制出7个模型，如图5-1019所示。将其移动到合适的位置，如图5-1020所示。

图5-1017

图5-1018

图5-1019

图5-1020

04 在菜单栏中单击 ⚡ 按钮,并单击鼠标右键,在弹出的【栅格和捕捉设置】对话框中选中【顶点】复选框,如图5-1021所示。在【前】视图中捕捉如图5-1022所示的模型,设置【长度】为309.531mm、【宽度】为639.0mm、【高度】为650.0mm,如图5-1023所示。

图5-1021

图5-1022

图5-1023

05 在【前】视图中捕捉如图5-1024所示的模型,设置【长度】为309.531mm、【宽度】为490.0mm、【高度】为450.0mm,如图5-1025所示。

图5-1024

图5-1025

06 在【前】视图中捕捉如图5-1026所示的模型,设置【长度】为309.531mm、【宽度】为1300.0mm、【高度】为650.0mm,如图5-1027所示。

图5-1026

图5-1027

07 此时模型效果如图5-1028所示。选择如图5-1029所示模型,将其转换为可编辑多边形。

图5-1028

图5-1029

08 选择如图5-1030所示模型,进入【多边形】级别 ■,选择如图5-1031所示的多边形。

图5-1030

图5-1031

09 单击【插入】后面的【设置】按钮 □,设置【数量】为10.0mm,如图5-1032所示。单击【挤出】后面的【设置】按钮 □,设置【高度】为-300.0mm,如图5-1033所示。

10 对其他模型进行【插入】、【挤出】操作,效果如图5-1034所示。

艺境 中文版3ds Max三维效果图设计与制作全视频 实践228例 溢彩版

图5-1032

图5-1033

图5-1034

11 在【前】视图中创建球体，设置【半径】为23.0mm，如图5-1035所示。在【顶】视图中创建圆锥体，设置【半径1】为20.0mm、【半径2】为5.0mm、【高度】为100.0mm，如图5-1036所示。此时线框图效果如图5-1037所示。

图5-1035

图5-1036

图5-1037

12 将模型移动到合适的位置，如图5-1038所示。

图5-1038

13 选择如图5-1039所示的模型，按住Shift键将其拖动复制出4个模型，如图5-1040所示。

图5-1039

图5-1040

14 将复制模型移动到合适的位置，如图5-1041所示。选择如图5-1042所示的模型，并将其移动到合适位置，如图5-1043所示。

图5-1041

图5-1042

图5-1043

15 继续复制出几个抽屉，将空余的抽屉位置填充好，效果如图5-1044所示。

图5-1044

5.6 多边形建模制作花纹床头柜

文件路径	第5章\多边形建模制作花纹床头柜
难易指数	⭐⭐⭐⭐⭐
技术掌握	多边形建模

扫码深度学习

操作思路

本例通过将模型转换为可编辑多边形，并进行编辑操作，制作出床头柜模型。

案例效果

案例效果如图5-1045所示。

图5-1045

第5章 多边形建模

165

实例087 多边形建模制作花纹床头柜——柜体

01 在【顶】视图中创建如图5-1046所示的长方体，设置【长度】为500.0mm、【宽度】为1000.0mm、【高度】为1000.0mm，如图5-1047所示。

图5-1046

图5-1047

02 选择模型，并将模型转换为可编辑多边形，如图5-1048所示。

图5-1048

03 进入【多边形】级别■，选择如图5-1049所示的多边形。单击【插入】后面的【设置】按钮■，选择【按多边形】■，设置【数量】为60.0mm，如图5-1050所示。

图5-1049

图5-1050

04 进入【边】级别◁，选择如图5-1051所示的边。单击【连接】后面的【设置】按钮■，设置【分段】为2，如图5-1052所示。

图5-1051

图5-1052

05 选择如图5-1053所示的边，单击【连接】后面的【设置】按钮■，设置【分段】为2、【收缩】为85，如图5-1054所示。

06 进入【边】级别◁，选择如图5-1055所示的边。单击【连接】后面的【设置】按钮■，设置【分段】为2、【收缩】为69，如图5-1056所示。

图5-1053

图5-1054

图5-1055

图5-1056

07 选择如图5-1057所示的边，单击【连接】后面的【设置】按钮■，设置【分段】为2、【收缩】为63，如图5-1058所示。

图5-1057

图5-1058

艺境 中文版3ds Max三维效果图设计与制作全视频 实践228例 溢彩版

08 进入【多边形】级别■，选择如图5-1059所示的多边形。单击【挤出】后面的【设置】按钮□，设置【高度】为100.0mm，如图5-1060所示。

图5-1059

图5-1060

09 选择如图5-1061所示的多边形，单击【挤出】后面的【设置】按钮□，设置【高度】为50.0mm，如图5-1062所示。

图5-1061

图5-1062

10 选择如图5-1063所示的多边形，单击【插入】后面的【设置】按钮□，选择【按多边形】■，设置【数

量】为10.0mm，如图5-1064所示。

图5-1063

图5-1064

11 单击【挤出】后面的【设置】按钮□，设置【高度】为-400.0mm，如图5-1065所示。

图5-1065

12 选择如图5-1066所示的多边形，单击【挤出】后面的【设置】按钮□，设置【高度】为-10.0mm，如图5-1067所示。

图5-1066

图5-1067

实例088 多边形建模制作花纹床头柜——抽屉

01 在【前】视图中创建如图5-1068所示的长方体，设置【长度】为273.0mm、【宽度】为860.0mm、【高度】为440.0mm，如图5-1069所示。

图5-1068

图5-1069

02 在【透视】视图中将模型转换为可编辑多边形，进入【多边形】级别■，选择如图5-1070所示的多边形。单击【插入】后面的【设置】按钮□，选择【按多边形】■，设置【高度】为30.0mm，如图5-1071所示。

图5-1070

图5-1071

03 选择如图5-1072所示的多边形，单击【挤出】后面的【设置】按钮，设置【高度】为-20.0mm，如图5-1073所示。

图5-1072

图5-1073

04 选择如图5-1074所示的多边形，单击【挤出】后面的【设置】按钮，设置【高度】为-245.0mm，如图5-1075所示。

图5-1074

图5-1075

05 在【前】视图中创建如图5-1076所示的管状体，设置【半径1】为106.0mm、【半径2】为87.0mm、【高度】为10.0mm、【边数】为50，如图5-1077所示。

图5-1076

图5-1077

06 按住Shift键，沿X轴向右拖动复制，如图5-1078所示。

图5-1078

07 再按住Shift键，沿X轴向右拖动复制，如图5-1079所示。选中【启用切片】复选框，设置【切片起始位置】为145.0，如图5-1080所示。接着将模型适当旋转，移动到合适的位置，如图5-1081所示。

图5-1079

图5-1080

图5-1081

08 在【透视】视图中选择如图5-1082所示的模型，单击【镜像】按钮，并在弹出的【镜像:屏幕 坐标】对话框中选择X和【复制】选项，如图5-1083所示。效果如图5-1084所示。

图5-1082

图5-1083

图5-1084

09 将模型移动到合适的位置，如图5-1085所示。

10 执行同样操作，创建出如图5-1086所示效果。将其移动到合适的位置，如图5-1087所示。

图5-1085

图5-1086

图5-1087

11 选择如图5-1088所示的模型，在菜单栏中执行【组】|【组】命令，将模型成组，如图5-1089所示。

图5-1088

图5-1089

12 在【前】视图中创建如图5-1090所示的圆柱体，设置【半径】为15.0mm、【高度】为50.0mm、【边数】为18，如图5-1091所示。

图5-1090

参数

半径: 15.0mm
高度: 50.0mm
高度分段: 5
端面分段: 1
边数: 18
☑ 平滑
□ 启用切片

图5-1091

13 在【前】视图中创建如图5-1092所示的切角圆柱体。设置【半径】为30.0mm、【高度】为10.0mm、【圆角】为3.0mm、【边数】为30，如图5-1093所示。

图5-1092

参数

半径: 30.0mm
高度: 10.0mm
圆角: 3.0mm
高度分段: 1
圆角分段: 7
边数: 30
端面分段: 1

图5-1093

14 在【透视】视图中选择如图5-1094所示的模型，将模型移动到合适的位置，如图5-1095所示。

图5-1094

图5-1095

15 将模型沿Z轴向下拖动复制出2个模型，如图5-1096所示。此时模型创建完成，效果如图5-1097所示。

图5-1096

图5-1097

5.7 多边形建模制作凳子

文件路径	第5章\多边形建模制作凳子
难易指数	★★★★★
技术掌握	多边形建模

🔍扫码深度学习

💡**操作思路**

本例通过将模型转换为可编辑多边形，并进行编辑操作，制作出凳子模型。

🖱️ 案例效果

案例效果如图5-1098所示。

图5-1098

🎙️ 操作步骤

实例089　多边形建模制作凳子 ——坐垫

01 在【顶】视图中创建如图5-1099所示的长方体，设置【长度】为1000.0mm、【宽度】为1000.0mm、【高度】为280.0mm、【长度分段】为3、【宽度分段】为3，如图5-1100所示。

图5-1099

图5-1100

02 选择模型，并将模型转换为可编辑多边形，如图5-1101所示。

图5-1101

03 进入【顶点】级别，选择如图5-1102所示的顶点。单击

【挤出】后面的【设置】按钮□，设置【高度】为-30.0mm、【宽度】为70.0mm，如图5-1103所示。

图5-1102

图5-1103

04 单击鼠标右键，在弹出的快捷菜单中执行【转换到边】命令，如图5-1104所示。进入【边】级别，选择如图5-1105所示的边。

图5-1104

图5-1105

05 单击【挤出】后面的【设置】按钮□，设置【高度】为-10.0mm、【宽度】为3.0mm，如图5-1106所示。接着选择如图5-1107所示的边。

06 单击【切角】后面的【设置】按钮□，设置【边切角量】为

3.0mm，如图5-1108所示。效果如图5-1109所示。

图5-1106

图5-1107

图5-1108

图5-1109

07 为模型加载【网格平滑】修改器，并设置【迭代次数】为3，如图5-1110所示。效果如图5-1111所示。

图5-1110

图5-1111

08 进入【顶点】级别 ::，在【前】视图中选择如图5-1112所示的顶点。沿X轴向左缩放，如图5-1113所示。

图5-1112

图5-1113

09 进入【多边形】级别 ■，选择如图5-114所示的多边形。在【透视】视图沿Z轴向上拖动，如图5-1115所示。

图5-1114

图5-1115

10 此时模型的效果如图5-1116所示。

图5-1116

11 在【顶】视图中创建如图5-1117所示的球体，设置【半径】为50.0mm、【半球】为0.5，如图5-1118所示。

图5-1117

参数

半径：50.0mm
分段：32
☑ 平滑
半球：0.5
● 切除 ○ 挤压
□ 启用切片

图5-1118

12 将球体移动到合适的位置，如图5-1119所示。按住Shift键拖动复制出3个球体，将其移动到合适的位置，如图5-1120所示。

图5-1119

图5-1120

13 在【前】视图中创建如图5-1121所示的球体，设置【半径】为14.0mm、【半球】为0.5，如图5-1122所示。

图5-1121

参数

半径：14.0mm
分段：32
☑ 平滑
半球：0.5
● 切除 ○ 挤压
□ 启用切片

图5-1122

14 接着将球体移动到合适的位置，如图5-1123所示。按住Shift键，沿X轴向右拖动复制，并在弹出的窗口中设置【副本数】为15，如图5-1124所示。效果如图5-1125所示。

图5-1123

克隆选项

对象   控制器
● 复制   ● 复制
○ 实例   ○ 实例
○ 参考

副本数：   15

名称：
Sphere006

确定   取消

图5-1124

15 在【透视】视图中选择如图5-1126所示的模型，单击【镜像】按钮 ■，在弹出的【镜像:屏幕 坐标】对话框中选择X轴和【复制】选项，如图5-1127所示。

图5-1125

图5-1126

图5-1127

16 将模型沿Z轴向左旋转90°，如图5-1128所示。将其移动到合适的位置，如图5-1129所示。

图5-1128

图5-1129

17 在【顶】视图中选择如图5-1130所示的模型，单击【镜像】按钮 ，在弹出的【镜像:屏幕 坐标】对话框中选择XY轴和【复制】选项，如图5-1131所示。效果如图5-1132所示。

图5-1130

图5-1131

图5-1132

18 接着将模型移动到合适的位置，如图5-1133所示。效果如图5-1134所示。

图5-1133

图5-1134

实例090　多边形建模制作凳子——凳子腿

01 在【顶】视图中创建如图5-1135所示的切角长方体，设置【长度】为90.0mm、【宽度】为90.0mm、【高度】为1100.0mm、【圆角】为10.0mm、【圆角分段】为10，如图5-1136所示。效果如图5-1137所示。

图5-1135

图5-1136

图5-1137

02 将模型转换为可编辑多边形，进入【顶点】级别，选择如图5-1138所示的顶点，向内进行等比缩放，如图5-1139所示。

03 取消【顶点】级别，按住Shift键拖动复制出3个模型，如

图5-1140所示。将模型移动到合适的位置，如图5-1141所示。

图5-1138

图5-1139

04 在【前】视图中创建如图5-1142所示的切角长方体，设置【长度】为80.0mm、【宽度】为780.0mm、【高度】为50.0mm、【圆角】为15.0mm、【圆角分段】为15，如图5-1143所示。

图5-1140

图5-1141

图5-1142

图5-1143

05 按住Shift键，将模型进行等比缩放复制，如图5-1144所示。在【透视】视图中选择如图5-1145所示的模型。

图5-1144

图5-1145

06 按住Shift键，将模型进行等比缩放复制，如图5-1146所示。同样操作，再次复制出两个模型，并将其移动到合适的位置，如图5-1147所示。此时模型创建完成。

图5-1146

图5-1147

5.8 多边形建模制作椅子

文件路径	第5章\多边形建模制作椅子
难易指数	★★★★★
技术掌握	多边形建模

扫码深度学习

操作思路

本例通过将模型转换为可编辑多边形，并进行编辑操作，制作出椅子模型。

案例效果

案例效果如图5-1148所示。

图5-1148

操作步骤

实例091 多边形建模制作椅子——靠背

01 在【顶】视图中创建如图5-1149所示的长方体，设置【长度】为1000.0mm、【宽度】为1000.0mm、【高度】为200.0mm，如图5-1150所示。

图5-1149

图5-1150

02 选择模型，将模型转换为可编辑多边形，如图5-1151所示。

图5-1151

03 进入【边】级别 ◁，选择如图5-1152所示的边。单击【切角】后面的【设置】按钮 □，设置【边切角量】为10.0mm、【连接边分段】为2，如图5-1153所示。

图5-1152

图5-1153

04 接着为模型加载【网格平滑】修改器，设置【迭代次数】为3，如图5-1154所示。效果如图5-1155所示。

05 进入【多边形】级别 ■，选择如图5-1156所示的多边形。沿Z轴向上拖动，如图5-1157所示。效果如图5-1158所示。

图5-1154

图5-1155

图5-1156

图5-1157

图5-1158

06 在前视图中创建如图5-1159所示的长方体，设置【长度】为1400.0mm、【宽度】1000.0mm、【高度】为150.0mm，如图5-1160所示。

图5-1159

图5-1160

07 将模型转换为可编辑多边形，进入【边】级别 ◁，选择如图5-1161所示的边。单击【切角】后面的【设置】按钮 □，设置【边切角量】为10.0mm、【连接边分段】为2，如图5-1162所示。

图5-1161

图5-1162

08 选择如图5-1163所示的边，单击【连接】后面的【设置】按钮 □，设置【分段】为6，如图5-1164所示。

09 选择如图5-1165所示的边，单击【连接】后面的【设置】按钮 □，设置【分段】为6，如图5-1166所示。

图5-1163

图5-1164

图5-1165

图5-1166

10 进入【多边形】级别 ■，选择如图5-1167所示的多边形。沿Z轴向上拖动，如图5-1168所示。

图5-1167

11 取消【多边形】级别，为模型加载【网格平滑】修改器，设置【迭代次数】为3，如图5-1169所示。效果如图5-1170所示。

图5-1168

图5-1169

12 为模型加载FFD4x4x4修改器，选择【控制点】，如图5-1171所示。在【左】视图中选择控制点，并沿Z轴向左旋转，如图5-1172和图5-1173所示。

图5-1170

图5-1171

图5-1172

图5-1173

13 选择如图5-1174所示的控制点。沿Z轴向左旋转，如图5-1175所示，效果如图5-1176所示。

图5-1174

图5-1175

图5-1176

实例092 多边形建模制作椅子——椅子腿

01 在【左】视图中创建如图5-1177所示的长方体，设置【长度】为1000.0mm、【宽度】为100.0mm、【高度】为100.0mm，如图5-1178所示。在【透视】视图中将模型转换为可编辑多边形，并进入【边】级别 ◁，选择如图5-1179所示的边。

图5-1177

图5-1178

图5-1179

02 单击【连接】后面的【设置】按钮，设置【分段】为1、【滑块】为-60，如图5-1180所示。选择如图5-1181所示的边，沿Y轴向右移动，如图5-1182所示。

图5-1180

图5-1181

03 选择如图5-1183所示的边，沿X轴向左移动，如图5-1184所示。

图5-1182

图5-1183

图5-1184

04 选择如图5-1185所示的模型，单击【镜像】按钮，在弹出的【镜像:世界 坐标】对话框中选择X和【复制】选项，如图5-1186所示。效果如图5-1187所示。

图5-1185

图5-1186

图5-1187

05 将模型移动到合适的位置，如图5-1188所示。

图5-1188

06 在【左】视图中创建如图5-1189所示的长方体，设置【长度】为1000.0mm、【宽度】为100.0mm、【高度】为100.0mm，如图5-1190所示。在【透视】视图中将模型转换为可编辑多边形，并进入【边】级别，选择如图5-1191所示的边。

图5-1189

图5-1190

图5-1191

07 单击【连接】后面的【设置】按钮□，设置【分段】为6，如图5-1192所示。

图5-1192

08 为模型加载FFD 4x4x4修改器，选择【控制点】，如图5-1193所示。在【左】视图中选择控制点，并沿Z轴向左旋转，如图5-1194和图5-1195所示。

图5-1193

图5-1194

图5-1195

09 选择如图5-1196所示的控制点，沿Z轴向左旋转，如图5-1197所示。

10 为模型加载【编辑多边形】修改器，进入【顶点】级别，选择如图5-1198所示的顶点。沿Y轴向下缩放，如图5-1199所示。

图5-1196

图5-1197

图5-1198

图5-1199

11 取消【顶点】级别，在【透视】视图中选择模型，如图5-1200所示。按住Shift键，沿X轴向右拖动复制，如图5-1201所示。

图5-1200

图5-1201

12 此时模型创建完成，效果如图5-1202所示。

图5-1202

5.9 多边形建模制作床

文件路径	第5章\多边形建模制作床
难易指数	★★★★★
技术掌握	多边形建模

扫码深度学习

操作思路

本例通过将模型转换为可编辑多边形，并进行编辑操作，制作出床模型。

案例效果

案例效果如图5-1203所示。

图5-1203

⊕操作步骤

实例093　多边形建模制作床——床体

01 在【透视】视图中创建如图5-1204所示的长方体，设置【长度】为2000.0mm、【宽度】为1500.0mm、【高度】为150.0mm，如图5-1205所示。

图5-1204

图5-1205

02 选择模型，并将模型转换为可编辑多边形，如图5-1206所示。

图5-1206

03 进入【边】级别，选择如图5-1207所示的边。单击【连接】后面的【设置】按钮，设置【分段】为1、【滑块】为-98，如图5-1208所示。

图5-1207

图5-1208

04 选择如图5-1209所示的边，单击【连接】后面的【设置】按钮，设置【分段】为1、【滑块】为-85，如图5-1210所示。

图5-1209

图5-1210

05 选择如图5-1211所示的边，单击【连接】后面的【设置】按钮，设置【分段】为2、【收缩】为97，如图5-1212所示。

图5-1211

图5-1212

06 进入【多边形】级别，选择如图5-1213所示的多边形。单击【挤出】后面的【设置】按钮，设置【高度】为50.0mm，如图5-1214所示。

图5-1213

图5-1214

07 在【顶】视图中创建如图5-1215所示的切角长方体，设置【长度】为1800.0mm、【宽度】为1450.0mm、【高度】为170.0mm、【圆角】为30.0mm、【长度分段】为2，如图5-1216所示。

图5-1215

图5-1216

08 将创建的模型转换为可编辑多边形，进入【多边形】级别，选择如图5-1217所示的多边形。接着单击【分离】按钮，在弹出的【分离】对话框中选中【以克隆对象分离】复选框，单击【确定】按钮，如图5-1218所示。

图5-1217

图5-1218

09 取消【多边形】级别，选择分离的模型，如图5-1219所示。为其加载【壳】修改器，并设置【外部量】为8.0mm，如图5-1220所示。

图5-1219

图5-1220

10 接着更换一下模型的颜色，以便于区分，并将模型移动到合适的位置，如图5-1221所示。

图5-1221

实例094 多边形建模制作床——软包

01 在【顶】视图中创建如图5-1222所示的长方体，设置【长度】为148.5mm、【宽度】为1500.0mm、【高度】为900.0mm，如图5-1223所示。

图5-1222

图5-1223

02 将刚创建的模型转换为可编辑多边形，进入【边】级别，选择如图5-1224所示的边。单击【连接】后面的【设置】按钮，设置【分段】为5、【收缩】为-25、【滑块】为70，如图5-1225所示。

图5-1224

图5-1225

03 选择如图5-1226所示的边，单击【连接】后面的【设置】按钮，

设置【分段】为13，如图5-1227所示。

图5-1226

图5-1227

04 进入【点】级别，选择如图5-1228所示的点。单击【挤出】后面的【设置】按钮，设置【高度】为-30.0mm、【宽度】为30.0mm，如图5-1229所示。

图5-1228

图5-1229

05 单击【切割】按钮，并在【前】视图中切割出如图5-1230所示的效果。

图5-1230

中文版3ds Max三维效果图设计与制作全视频

实践228例 溢彩版

06 进入【边】级别 ，选择如图5-1231所示的边。单击【挤出】后面的【设置】按钮 ，设置【高度】为-5.0mm、【宽度】为3.0mm，如图5-1232所示。

图5-1231

图5-1232

07 进入【边】级别 ，选择如图5-1233所示的边。单击【切角】后面的【设置】按钮 ，设置【边切角量】为0.1mm，如图5-1234所示。

图5-1233

图5-1234

08 取消【边】级别，为模型加载【网格平滑】修改器，并设置【迭代次数】为3，如图5-1235所示。将模型移动到合适的位置，效果如图5-1236所示。

图5-1235

图5-1236

09 在【顶】视图中创建如图5-1237所示的圆锥体，设置【半径1】为20.0mm、【半径2】为50.0mm、【高度】为260.0mm，如图5-1238所示。

图5-1237

图5-1238

10 选择创建的圆锥体，按住Shift键拖动复制出3个圆锥体，如图5-1239所示。将其移动到合适的位置，效果如图5-1240所示。

图5-1239

图5-1240

第6章

标准灯光技术

本章概述

标准灯光是3ds Max最基本的灯光类型。3ds Max主要包括标准灯光和光度学灯光两大类型,其中目标聚光灯、泛光灯、目标平行光、目标灯光是比较常用的灯光类型。

本章重点

- 泛光灯、目标聚光灯的使用方法
- 利用目标灯光制作室内射灯

实例095 泛光灯制作灯罩灯光

文件路径	第6章\泛光灯制作灯罩灯光
难易指数	★★★★★
技术掌握	● 泛光 ● VR-灯光

（扫码深度学习）

操作思路

本例通过创建【泛光】制作灯罩灯光，使用【VR-灯光】制作室内辅助光源。

案例效果

案例效果如图6-1所示。

图6-1

操作步骤

01 打开本书配备的"第6章\泛光灯制作灯罩灯光\01.max"文件，如图6-2所示。

图6-2

02 单击【创建】 + |【灯光】 ● | 标准 ▼ | 泛光 按钮，如图6-3所示。

图6-3

03 在【前】视图中创建一盏泛光，其具体位置如图6-4所示。

图6-4

04 选择创建的泛光，在【阴影】选项组下选中【启用】复选框，在下拉菜单中选择【VR-阴影】。在【强度/颜色/衰减】卷展栏下设置【倍增】为50.0，设置【颜色】为橘黄色。在【衰退】选项组下设置【开始】为1016.0mm，在【远距衰减】选项组下选中【使用】、【显示】复选框，设置【开始】为15.0mm、【结束】为60.0mm。在【VRay阴影参数】选项组下设置【U大小】、【V大小】和【W大小】均为254.0mm，如图6-5所示。

图6-5

05 单击【创建】 + |【灯光】 ● | VRay ▼ | VR-灯光 按钮，如图6-6所示。在【左】视图中创建VR灯光，具体的位置如图6-7所示。

图6-6

图6-7

06 选择上一步创建的VR灯光，在【常规】选项组下设置【类型】为【平面】，设置【长度】为370.0mm、【宽度】为200.0mm、【倍增】为3.0、【颜色】为蓝色。在【选项】选项组下选中【不可见】复选框。在【采样】选项组下设置【阴影偏移】为0.508mm，如图6-8所示。

图6-8

07 最终的渲染效果如图6-9所示。

图6-9

实例096	泛光灯制作壁灯	
文件路径	第6章 \ 泛光灯制作壁灯	
难易指数	★★★★★	
技术掌握	● 泛光 ● VR-灯光	Q 扫码深度学习

操作思路

本例通过创建【泛光】制作壁灯灯光，使用【VR-灯光】制作室内辅助光源。

案例效果

案例效果如图6-10所示。

图6-10

操作步骤

01 打开本书配备的"第6章\泛光灯制作壁灯\02.max"文件，如图6-11所示。

图6-11

02 单击【创建】＋|【灯光】♥|标准▼| 泛光 按钮，如图6-12所示。

图6-12

03 在【前】视图中创建一盏泛光，如图6-13所示。在【阴影】选项组下选中【启用】和【使用全局设置】复选框，在下拉菜单中选择【VR-阴影】。【强度/颜色/衰减】卷展栏下设置【倍增】为8.0，设置【颜色】为橘色。在【衰退】选项组下设置【开始】为40.0mm，在【远距衰减】选项组下选中【使用】、【显示】复选框，设置【结束】为200.0mm。在【VRay阴影参数】选项组下选中【区域阴影】复选框，设置【U大小】、【V大小】和【W大小】均为30.0mm，【细分】为30，如图6-14所示。

图6-13

图6-14

04 选择上一步中的泛光灯，使用【选择并移动】工具 ⊕ 向右复制1盏，不需要进行参数的调整，其具体位置如图6-15所示。

图6-15

> **提示**
> **每类灯光都有多种阴影类型，需要选择更适合的**
> 一般在制作室内外效果图时，大部分用户需要安装VRay渲染器，这样可以快速得到非常真实的渲染效果，因此推荐使用【VR-阴影】。特别注意的是，【VR-阴

影】与【VR-阴影贴图】是两种不同的类型，不要混淆。并且在设置这些参数之前，首先需要选中【阴影】下的【启用】复选框，才可以发挥阴影的作用，如图6-16所示。

图6-16

05 单击【创建】 ⊕ |【灯光】 ♥ | VRay ▾ | VR-灯光 按钮，如图6-17所示。在【左】视图中创建VR灯光，具体的位置如图6-18所示。

图6-17

图6-18

06 选择上一步创建的VR灯光，在【常规】选项组下设置【类型】为【平面】，设置【长度】为4400.0mm、【宽度】为2700.0mm、【倍增】为6.0，【颜色】为淡蓝色。在【选项】选项组下选中【不可见】复选框，如图6-19所示。

图6-19

07 最终渲染效果如图6-20所示。

图6-20

💡操作思路

本例通过创建【目标聚光灯】制作落地灯灯光向下照射，使用【泛光】制作灯罩灯光，使用【VR-灯光】制作室内辅助光源。

🖱案例效果

案例效果如图6-21所示。

图6-21

🎙操作步骤

01 打开本书配备的"第6章\目标聚光灯制作落地灯灯光\03.max"文件，如图6-22所示。

图6-22

02 单击【创建】➕|【灯光】💡|标准▾|目标聚光灯 按钮，如图6-23所示。

图6-23

03 在【前】视图中拖曳并创建1盏目标聚光灯如图6-24所示。在【阴影】选项组下选中【启用】复选框，设置阴影类型为【VRay阴影】。展开【强度/颜色/衰减】卷展栏，设置【倍增】为15，调节【颜色】为黄色，在【近距衰减】选项组下，设置【结束】为0.0mm，在【远距衰减】选项组下，选中【使用】复选框，设置【开始】为0.0mm，【结束】为100.0mm。展开【聚光灯参数】卷展栏，设置【聚光区/光束】为69.6，【衰减区/区域】为123.9。展开【VRay阴影参数】卷展栏，选中【区域阴影】复选框，如图6-25所示。

图6-24

图6-25

04 单击【创建】➕|【灯光】💡|标准▾|泛光 按钮，如图6-26所示。

图6-26

05 在【前】视图中拖曳并创建一盏泛光灯,具体的位置如图6-27所示。设置阴影类型为【VRay阴影】。展开【强度/颜色/衰减】卷展栏,设置【倍增】为4,【颜色】为黄色,在【近距衰减】选项组下,设置【结束】为0.0mm,在【远距衰减】选项组下,选中【使用】和【显示】复选框,设置【开始】为5.0mm、【结束】为20.0mm,如图6-28所示。

图6-27

图6-28

06 单击【创建】➕|【灯光】💡 VRay VR-灯光 按钮,如图6-29所示。

图6-29

07 在【前】视图中拖曳并创建一盏VR灯光,如图6-30所示。在【常规】选项组下设置【类型】为【平面】,设置【长度】为133.0mm、【宽度】为101.0mm、

【倍增】为3.0、【颜色】为蓝色。在【选项】选项组下选中【不可见】复选框,如图6-31所示。

图6-30

图6-31

08 最终渲染效果如图6-32所示。

图6-32

实例098　目标平行光制作太阳光

文件路径	第 6 章 \ 目标平行光制作太阳光
难易指数	⭐⭐⭐⭐⭐
技术掌握	● 目标平行灯 ● VR- 灯光

🔍扫码深度学习

操作思路

本例通过创建【目标平行光】制作室外日光效果，使用【VR-灯光】制作窗口处窗外向窗内照射的光线。

案例效果

案例效果如图6-33所示。

图6-33

操作步骤

01 打开本书配备的 "第6章\目标平行光制作太阳光\04.max" 文件，如图6-34所示。

图6-34

02 单击【创建】➕|【灯光】💡 标准 ▼ | 目标平行光 按钮，如图6-35所示。

图6-35

03 在【顶】视图中拖曳创建一盏目标平行光，其具体位置如图6-36所示。

04 选择创建的目标平行光，在【阴影】选项组下选中【启用】复选框，选择【VRay 阴影】选项。在【强度/颜色/衰减】选项组下设置【倍增】为1.6。在【平行光参数】选项组下设置【聚光区/光束】为5000.0mm、【衰减区/区域】为5002.0mm，如图6-37所示。

图6-36

图6-37

05 单击【创建】➕|【灯光】💡 VRay ▼ | VR-灯光 按钮，如图6-38所示。在【前】视图中创建VR灯光，具体的位置如图6-39所示。

图6-38

图6-39

06 选择上一步创建的VR灯光，在【常规】选项组下设置【类型】为【平面】，设置【长度】为1490.0mm、【宽度】为3900.0mm、【倍增】为10.0，选中【不可见】复选框，如图6-40所示。

07 将上一步中创建的VR灯光，使用【选择并移动】工具✛复制3盏，不需要进行参数的调整。其具体位置如图6-41所示。

图6-40

图6-41

最终渲染效果如图6-42所示。

图6-42

实例099　自由灯光制作壁灯效果

文件路径	第6章\自由灯光制作壁灯效果	
难易指数	★★★★★	
技术掌握	● 自由灯光 ● VR-灯光	扫码深度学习

操作思路

本例通过创建【自由灯光】制作射灯效果，使用【VR-灯光】制作室内辅助灯光。

案例效果

案例效果如图6-43所示。

图6-43

操作步骤

01 打开本书配备的"第6章\自由灯光制作壁灯效果\05.max"文件，如图6-44所示。

图6-44

02 单击【创建】 + |【灯光】 ● 光度学 ▼ 自由灯光 按钮，如图6-45所示。

图6-45

03 在【顶】视图中创建一盏自由灯光，其具体位置如图6-46所示。

图6-46

04 选择创建的自由灯光，展开【常规参数】卷展栏，在【阴影】选项组下选中【启用】复选框，并设置阴影类型为【VRay阴影】，设置【灯光分布（类型）】为【光度学Web】。展开【分布（光度学Web）】卷展栏，并在通道上加载【壁灯.ies】文件。展开【强度/颜色/衰减】卷展栏，设置【过滤颜色】为橘黄色、【强度】为lm和2.0。展开【VRay阴影参数】卷展栏，选中【区域阴影】复选框、设置【U大小】、【V大小】和【W大小】均为50.0mm，如图6-47所示。

图6-47

[05] 将上一步中创建的VR灯光，使用【镜像】工具，沿Y轴复制一盏，如图6-48所示。不需要进行参数的调整，其具体位置如图6-49所示。

图6-48

图6-49

[06] 单击【创建】|【灯光】|VRay|VR-灯光按钮，如图6-50所示。在【左】视图中创建VR灯光，具体位置如图6-51所示。

图6-50

图6-51

[07] 选择创建的VR灯光，在【常规】选项组下设置【类型】为【平面】，设置【长度】为132.2mm，【宽度】为60.2mm、【倍增】为2.0、【颜色】为蓝色。选中【不可见】复选框，如图6-52所示。

图6-52

[08] 最终渲染效果如图6-53所示。

图6-53

实例100　泛光灯制作壁炉

文件路径	第6章\泛光灯制作壁炉
难易指数	★★★★★
技术掌握	● 泛光 ● VR-灯光

扫码深度学习

操作思路

本例通过创建【泛光】制作壁炉火焰效果，使用【VR-灯光】制作室内辅助灯光。

案例效果

案例效果如图6-54所示。

图6-54

操作步骤

01 打开本书配备的"第6章\泛光灯制作壁炉\06.max"文件，如图6-55所示。

图6-55

02 单击【创建】➕|【灯光】💡|标准 ▼ | 泛光 按钮，如图6-56所示。

图6-56

03 在【顶】视图中创建一盏泛光，其具体位置如图6-57所示。

图6-57

04 选择创建的泛光灯，在【阴影】选项组下选中【启用】复选框。在【强度/颜色/衰减】卷展栏下设置【倍增】为30.0、【颜色】为橘黄色，在【衰退】选项组下设置【开始】为40.0mm；在【远距衰减】选项组下选中【使用】、【显示】复选框，设置【开始】为2.0mm、【结束】为8.0mm，如图6-58所示。

图6-58

05 选择上一步创建的泛光灯，使用【选择并移动】工具复制一盏，不需要进行参数的调整。其具体位置如图6-59所示。

图6-59

06 单击【创建】➕|【灯光】💡|VRay ▼ | VR-灯光 按钮，如图6-60所示。在【前】视图中创建VR灯光，具体的位置如图6-61所示。

图6-60

图6-61

07 选择上一步创建的VR灯光，在【常规】选项组下设置【类型】为【平面】，设置【长度】为60.0mm、【宽度】为100.0mm、【倍增】为5.0、【颜色】为淡蓝色。在【选项】选项组下选中【不可见】复选框，如图6-62所示。

图6-62

08 最终渲染效果如图6-63所示。

图6-63

实例101　目标灯光制作筒灯

文件路径	第6章\目标灯光制作筒灯	
难易指数	★★★★★	扫码深度学习
技术掌握	● 目标灯光 ● VR-灯光	

操作思路

本例通过创建【目标灯光】制作射灯效果，使用【VR-灯光】制作室内辅助灯光。

案例效果

案例效果如图6-64所示。

图6-64

操作步骤

01 打开本书配备的"第6章\目标灯光制作筒灯\07.max"文件，如图6-65所示。

图6-65

02 单击【创建】➕|【灯光】💡 光度学 ▼|目标灯光 按钮，如图6-66所示。

图6-66

03 在【左】视图中创建一盏目标灯光,其具体位置如图6-67所示。

图6-67

04 选择创建的目标灯光,展开【常规参数】卷展栏,在【阴影】选项组下选中【启用】复选框并设置为【VRay阴影】,设置【灯光分布(类型)】为【光度学Web】。展开【分布(光度学Web)】卷展栏,并在通道上加载【小射灯.ies】文件。展开【强度/颜色/衰减】卷展栏,设置【过滤颜色】为浅橘色、【强度】为cd、40.0。设置【从(图形)发射光线】为【点光源】。展开【VRay阴影参数】卷展栏,选中【区域阴影】复选框,如图6-68示。

图6-68

05 选择创建的目标灯光,使用【选择并移动】工具✛复制一盏,不需要进行参数的调整。其具体位置如图6-69所示。

图6-69

06 单击【创建】✛|【灯光】|VRay|VR-灯光按钮,如图6-70所示。在【左】视图中创建VR-灯光,具体的位置如图6-71所示。

图6-70

图6-71

07 选择创建的VR灯光,在【常规】选项组下设置【类型】为【平面】,设置【长度】为133.2mm、【宽度】为60.2mm、【倍增】为2.0、【颜色】为蓝色。在【选项】选项组下选中【不可见】复选框,如图6-72所示。

图6-72

08 最终渲染效果如图6-73所示。

图6-73

实例102	目标平行光制作黄昏
文件路径	第6章\目标平行光制作黄昏
难易指数	★★★★★
技术掌握	● 目标平行光 ● VR-灯光

扫码深度学习

操作思路

本例通过创建【目标平行光】制作日光效果，使用【VR-灯光】制作室内辅助灯光。

案例效果

案例效果如图6-74所示。

图6-74

操作步骤

01 打开本书配备的"第6章\目标平行光制作黄昏\08.max"文件，如图6-75所示。

图6-75

02 单击【创建】➕|【灯光】💡 标准 | 目标平行光 按钮，如图6-76所示。

图6-76

03 在【顶】视图中拖曳创建一束目标平行光，其具体位置如图6-77所示。

图6-77

04 选择创建的目标平行光，展开【常规参数】卷展栏，在【阴影】选项组下选中【启用】和【使用全局设置】复选框，并设置为【VRay 阴影】。在【强度/颜色/衰减】卷展栏下设置【倍增】为5.0，调节【颜色】为橘黄色。设置【聚光区/光束】为30.0mm、【衰减区/区域】为100.0mm，选中【矩形】单选按钮。选中【区域阴影】复选框，设置【U大小】、【V大小】和【W大小】均为50.0mm，如图6-78所示。

图6-78

05 单击【创建】➕|【灯光】💡 VRay | VR-灯光 按钮，如图6-79所示。在视图中创建VR灯光，具体的位置如图6-80所示。

06 选择创建的VR灯光，在【常规】选项组下设置【类型】为【平面】，设置【长度】为120.0mm、【宽度】为140.0mm、【倍增】为25.0，调节【颜色】为橘色。选中【不可见】复选框，取消选中【影响高光】和【影响反射】复选框，如图6-81所示。

图6-79

图6-80

图6-81

07 最终渲染效果如图6-82所示。

图6-82

实例103	目标平行光制作阴影场景	
文件路径	第6章\目标平行光制作阴影场景	
难易指数	★★★★★	
技术掌握	目标平行光	♀扫码深度学习

操作思路

本例通过创建【目标平行光】制作日光效果。

案例效果

案例效果如图6-83所示。

图6-83

操作步骤

01 打开本书配备的"第6章\目标平行光制作阴影场景\09.max"文件，如图6-84所示。

图6-84

02 单击【创建】 ➕ |【灯光】 💡 标准 ▼ 目标平行光 按钮，如图6-85所示。

图6-85

03 在【顶】视图中拖曳创建一束目标平行光，其具体位置如图6-86所示。

图6-86

04 选择创建的目标平行光，展开【常规参数】卷展栏，在【阴影】选项组下选中【启用】和【使用全局设置】复选框，并设置为【VR-阴影】。在【强度/颜色/衰减】卷展栏下设置【倍增】为6.0。设置【聚光区/光束】为1100.0mm、【衰减区/区域】为39000.0mm。选中【高级效果】卷展栏下的【贴图】复选框，并在后面的通道上加载【阴影贴图.jpg】贴图文件。设置【VRay阴影参数】卷展栏下的【U大小】、【V大小】和【W大小】均为254.0mm，如图6-87所示。

图6-87

05 最终渲染效果如图6-88所示。

图6-88

实例104	目标灯光制作射灯	
文件路径	第6章\目标灯光制作射灯	
难易指数	★★★★★	
技术掌握	● 目标灯光 ● VR-灯光	🔍扫码深度学习

💡操作思路

　　本例通过创建【目标灯光】制作射灯效果，使用【VR-灯光】制作室内辅助灯光和落地灯灯罩灯光。

🖱案例效果

　　案例效果如图6-89所示。

图6-89

🎙操作步骤

01 打开本书配备的"第6章\目标灯光制作射灯\10.max"文件，如图6-90所示。

图6-90

02 单击【创建】＋|【灯光】 ▼ 光度学 ▼ | 目标灯光 按钮，如图6-91所示。

图6-91

03 在【前】视图中拖曳并创建2盏目标灯光，如图6-92所示。

图6-92

195

第6章 标准灯光技术

04 展开【常规参数】卷展栏，在【阴影】选项组下选中【启用】，设置【阴影类型】为【VRay阴影】。在【灯光分布（类型）】选项组下设置类型为【光度学Web】。展开【分布（光度学Web）】卷展栏，在后面的通道上加载【5.ies】光域网文件，展开【强度/颜色/衰减】卷展栏，设置【过滤颜色】为黄色、【强度】为15000.0。展开【VRay阴影参数】卷展栏，选中【区域阴影】复选框，如木人 图6-93所示。

图6-93

实例的作用

当我们同时创建两个一样的灯光时，复制的时候可以选择【实例】，这样我们就可以只对一个灯光的参数进行设置，另外一个灯光的参数也会随之改变，降低了多次设置的烦琐程度，如图6-94所示。

图6-94

05 最终渲染效果如图6-95所示。

图6-95

第7章

VRay灯光技术

本章概述

　　VRay灯光技术是3ds Max室内效果图制作中最为常用的灯光类型之一，其中【VR-灯光】和【VR-太阳】是两种最重要的灯光类型。【VR-灯光】常用于制作窗口处灯光、顶棚灯带、灯罩灯光等，【VR-太阳】常用于制作日光效果。

本章重点

● 使用【VR-灯光】灯光制作多种室内灯光

● 使用【VR-太阳】制作太阳光

实例105　VR灯光制作吊灯

文件路径	第7章\VR 灯光制作吊灯
难易指数	★★★★★
技术掌握	VR- 灯光

扫码深度学习

操作思路

本例通过创建【VR-灯光】制作室内吊灯和辅助光源。

案例效果

案例效果如图7-1所示。

图7-1

操作步骤

01 打开本书配备的 "第7章\VR灯光制作吊灯\01.max" 文件，如图7-2所示。

图7-2

02 单击【创建】+|【灯光】 VRay ▼ | VR-灯光 按钮，如图7-3所示。

图7-3

03 在【顶】视图中创建一束VR灯光，其具体位置如图7-4所示。

图7-4

04 选择创建的VR灯光，在【常规】选项组下设置【类型】为【球体】、【半径】为100.0mm、【倍增】为15.0、【颜色】为白色。在【选项】选项组下选中【不可见】复选框，如图7-5所示。

图7-5

05 单击【创建】+|【灯光】 VRay ▼ | VR-灯光 按钮，如图7-6所示。在【顶】视图中创建一束VR灯光，具体的位置如图7-7所示。

图7-6

图7-7

06 选择上一步创建的VR灯光，在【常规】选项组下设置【类型】为【平面】，设置【长度】为6145.518mm、【宽度】为5080.938mm、【倍增】为

5.0，调整【颜色】为淡黄色。在【选项】选项组下选中【不可见】复选框，如图7-8所示。

图7-8

07 最终渲染效果如图7-9所示。

图7-9

实例106　VR灯光制作灯带效果

文件路径	第7章\VR灯光制作灯带效果
难易指数	★★★★★
技术掌握	● VR-灯光 ● 目标灯光

扫码深度学习

操作思路

本例通过创建【VR-灯光】制作室内吊灯和灯带灯光，使用【目标灯光】制作射灯。

案例效果

案例效果如图7-10所示。

图7-10

操作步骤

01 打开本书配备的"第7章\VR灯光制作灯带效果\02.max"文件，如图7-11所示。

图7-11

02 单击【创建】＋|【灯光】💡| VRay ▼ | VR-灯光 按钮，如图7-12所示。

图7-12

03 在【前】视图中创建一束VR灯光，其具体位置如图7-13所示。

图7-13

04 选择创建的VR灯光，在【修改】面板下【常规】选项组下设置【类型】为【球体】、【半径】为100.0mm、【倍增】为50.0、【颜色】为白色，在【选项】选项组下选中【不可见】复选框，如图7-14所示。

图7-14

05 在【顶】视图中拖曳创建一束VR灯光，其具体位置如图7-15所示。

图7-15

06 选择上一步创建的VR灯光，在【修改】面板下在【常规】选项组下设置【类型】为【平面】，设置【长度】60.0mm、【宽度】为400.0mm、【倍增】为10.0、【颜色】为淡黄色。在【选项】选项组下选中【不可见】复选框，如图7-16所示。

图7-16

07 选择创建的VR灯光，激活【角度捕捉切换】按钮和【选择并旋转】按钮，按住Shift键进行复制，设置【副本数】为19，如图7-17所示。完成的模型效果如图7-18所示。

图7-17

图7-18

08 单击【创建】｜【灯光】｜光度学｜目标灯光按钮，如图7-19所示。

图7-19

09 在【前】视图中创建一束目标灯光，其具体位置如图7-20所示。

图7-20

10 选择创建的目标灯光，在【修改】面板下展开【常规参数】卷展栏，在【灯光属性】选项组下选中【目标】复选框；在【阴影】选项组下选中【启用】复选框，并设置阴影类型为【VR-阴影】；设置【灯光分布（类型）】为【光度学Web】。展开【分布（光度学Web）】卷展栏，并在通道上加载【7.IES】文件。展开【强度/颜色/衰减】卷展栏，设置【过滤颜色】为淡黄色、【强度】为19011.0cd。展开【VRay阴影参数】卷展栏，选中【区域阴影】复选框，如图7-21所示。

图7-21

11 选择创建的目标灯光，使用【选择并移动】工具复制3盏，不需要进行参数的调整。其具体位置如图7-22所示。

图7-22

12 最终渲染效果如图7-23所示。

图7-23

实例107　VR灯光制作灯罩灯光

文件路径	第7章\VR 灯光制作灯罩灯光	
难易指数	★★★★★	
技术掌握	● VR- 灯光	扫码深度学习

操作思路

本例通过创建【VR-灯光】制作台灯灯罩灯光，根据灯泡的形状，需要使用VR灯光中的球体方式。

案例效果

案例效果如图7-24所示。

图7-24

操作步骤

01 打开本书配备的"第7章\VR灯光制作灯罩灯光\03.max"文件，如图7-25所示。

图7-25

02 单击【创建】 ➕ |【灯光】 💡 VRay ▼ VR-灯光 按钮，如图7-26所示。

图7-26

03 在【顶】视图中拖曳并创建一盏VR灯光，其具体位置如图7-27所示。

图7-27

04 选择创建的VR灯光，在【修改】面板下【常规】选项组下设置类型为【球体】、【倍增】为50、【颜色】为浅黄色、【半径】为50mm。在【选项】组下选中【不可见】复选框，如图7-28所示。

图7-28

05 最终渲染效果，如图7-29所示。

图7-29

实例108	VR灯光制作烛光
文件路径	第7章\VR 灯光制作烛光
难易指数	★★★★★
技术掌握	VR-灯光

扫码深度学习

💡 操作思路

本例通过创建【VR-灯光】制作烛光光源和室内辅助光源。

🖱 案例效果

案例效果如图7-30所示。

图7-30

🎤 操作步骤

01 打开本书配备的"第7章\VR灯光制作烛光\04.max"文件，如图7-31所示。

图7-31

02 单击【创建】➕|【灯光】💡|VRay ▼ | VR-灯光 按钮，如图7-32所示。

图7-32

03 在【顶】视图中拖曳创建一盏VR灯光，其具体位置如图7-33所示。

图7-33

04 选择创建的VR灯光，在【修改】面板下【常规】选项组下设置【类型】为【网格】、【倍增】为300.0、【模式】为【温度】、【颜色】为橘黄色、【温度】为1800.0，如图7-34所示。

图7-34

05 选择创建完成的VR灯光，在【修改】面板下的【参数】卷展栏找到【网格灯光】选项组，单击 拾取网格 按钮，如图7-35所示。选择蜡烛火焰几何体造型，VR灯光就附加在几何体上，效果如图7-36所示。

图7-35

图7-36

06 选择创建好的火焰模型，使用【选择并移动】工具+复制6盏，其具体位置如图7-37所示。

图7-37

07 在【前】视图中创建一盏VR灯光，具体的位置如图7-38所示。

图7-38

08 选择创建的VR灯光，然后在【修改】面板下设置【常规】选项组下设置【类型】为【平面】；在【强度】选项组下调整【倍增】为1.0、【颜色】为白色，如图7-39所示。并在【大小】选项组下设置【长度】为645.626mm、【宽度】为611.193mm。

图7-39

09 将创建的VR灯光使用【选择并移动】工具+复制1盏。其具体位置如图7-40所示。

图7-40

10 选择复制的VR灯光，然后在【修改】面板下设置其具体的参数，将【强度】选项组下的【倍增】设置为5.0，如图7-41所示。

图7-41

11 最终的渲染效果如图7-42所示。

图7-42

实例109　VR灯光制作窗口光线

文件路径	第7章\VR 灯光制作窗口光线	
难易指数	★★★★☆	
技术掌握	VR-灯光	扫码深度学习

操作思路

本例通过使用【VR-灯光】制作窗口光线。

案例效果

案例效果如图7-43所示。

图7-43

⊕ 操作步骤

01 打开本书配备的"第7章\VR灯光制作窗口光线\05.max"文件，如图7-44所示。

图7-44

02 单击【修改】➕|【灯光】💡|VRay ▼ | VR-灯光 按钮，如图7-45所示。

图7-45

03 在【顶】视图中拖曳创建一盏VR灯光，其具体位置如图7-46所示。

图7-46

04 选择创建的VR灯光，在【修改】面板下【常规】选项组下设置【类型】为【平面】，设置【长度】为

2540.0mm、【宽度】为2900.0mm、【倍增】为12.0、【颜色】为淡蓝色。在【选项】选项组下选中【不可见】复选框，如图7-47所示。

图7-47

05 将创建的VR灯光使用【选择并移动】工具➕复制1盏，如图7-48所示。

图7-48

06 选择复制成功的VR灯光，在【修改】面板下【常规】选项组下设置【长度】为1552.5mm，【宽度】为2567.6mm，设置【类型】为【平面】；调整【倍增】为2.0，调整【颜色】为淡蓝色。在【选项】选项组下选中【不可见】复选框，取消选中【影响反射】复选框，如图7-49所示。

图7-49

07 在【前】视图中创建一盏VR灯光，具体的位置如图7-50所示。

08 选择上一步创建的VR灯光，在【修改】面板下【常规】选项组下设置【类型】为【平面】、【长度】为2739.0mm、【宽度】为2443.0mm、【倍增】为4.0、【颜色】为淡蓝色。在【选项】选项组下选中【不可见】复选框，如图7-51所示。

图7-50

图7-51

09 最终渲染效果如图7-52所示。

图7-52

实例110　VR太阳制作黄昏效果

文件路径	第7章\VR 太阳制作黄昏效果
难易指数	★★★★★
技术掌握	● VR- 太阳 ● VR- 灯光

扫码深度学习

操作思路

本例通过使用【VR-太阳】制作黄昏光照，使用【VR-灯光】制作室内辅助光源。

案例效果

案例效果如图7-53所示。

图7-53

操作步骤

01 打开本书配备的"第7章\VR太阳制作黄昏效果\06.max"文件，如图7-54所示。

图7-54

02 单击【创建】＋|【灯光】💡| VRay ▼ | VR-太阳 按钮，如图7-55所示。

图7-55

03 在【前】视图中拖曳创建一束VR太阳灯光，如图7-56所示，在弹出的【V-Ray太阳】对话框中单击【是】按钮，如图7-57所示。

图7-56

图7-57

V-Ray 太阳

你想自动添加一张"VRay 天空"环境贴图?

是(Y)　　否(N)

$\boxed{04}$ 选择创建的VR太阳灯光，在【修改】面板下【太阳参数】下设置【强度倍增】为1.3、【大小倍增】为5.0，在【天空参数】选项组下设置【浊度】为3.0，如图7-58所示。

图7-58

$\boxed{05}$ 单击【创建】 + |【灯光】 ● | VRay ▼ | VR-灯光 按钮，如图7-59所示。在【左】视图中创建VR灯光，具体的位置如图7-60所示。

图7-59

图7-60

$\boxed{06}$ 选择创建的VR灯光，在【修改】面板下【常规】选项组下设置【类型】为【平面】、【长度】为180.0mm、【宽度】为90.0mm、【倍增】为40.0、【颜色】为橘色。在【选项】选项组下选中【不可见】复选框，如图7-61所示。

$\boxed{07}$ 单击【创建】 + |【灯光】 ● | VRay ▼ | VR-灯光 按钮，如图7-62所示。在【左】视图中创建VR灯光，具体的位置如图7-63所示。

图7-61

图7-62

图7-63

$\boxed{08}$ 选择上一步创建的VR灯光，在【修改】面板【常规】选项组下设置【类型】为【平面】，【长度】为160.0mm、【宽度】为80.0mm、【倍增】为50.0、【颜色】为蓝灰色。在【选项】选项组下选中【不可见】复选框，如图7-64所示。

图7-64

$\boxed{09}$ 最终渲染效果如图7-65所示。

图7-65

实例111	VR太阳制作太阳光
文件路径	第7章\VR太阳制作太阳光
难易指数	★★★★★
技术掌握	● VR-太阳 ● VR-灯光

扫码深度学习

操作思路

本例通过使用【VR-太阳】制作太阳光照,使用【VR-灯光】制作室内辅助光源。

案例效果

案例效果如图7-66所示。

图7-66

操作步骤

01 打开本书配备的"第7章\VR太阳制作太阳光\07.max"文件,如图7-67所示。

图7-67

02 单击【创建】➕|【灯光】💡 VRay ▼ | VR-太阳 按钮,如图7-68所示。

图7-68

03 在【前】视图中创建一盏VR太阳灯光,如图7-69所示。在弹出的【VRay太阳】对话框中单击【是】按钮,如图7-70所示。

图7-69

图7-70

04 选择创建的VR太阳灯光,在【修改】面板下【太阳参数】组下设置【强度倍增】为0.04、【大小倍增】为10.0,在【天空参数】选项组下设置【浊度】为3.0,在【采样】选项组下设置【光子发射半径】为1270.0,如图7-71所示。

图7-71

05 单击【创建】➕|【灯光】💡 VRay ▼ | VR-灯光 按钮,如图7-72所示。在【左】视图中创建VR灯光,具体的位置如图7-73所示。

图7-72

图7-73

06 选择创建的VR灯光，在【修改】面板下设置其具体的参数，在【常规】选项组下设置【类型】为【平面】、【长度】为3000.0mm，【宽度】为3000.0mm、【倍增】为0.6、【颜色】为白色。在【选项】选项组下选中【不可见】复选框，取消选中【影响反射】复选框，如图7-74所示。

图7-74

07 将创建的VR灯光，使用【选择并移动】工具➕向右复制1盏。其具体位置如图7-75所示，此时不需要进行参数的调整。

图7-75

08 单击【创建】➕|【灯光】💡| VRay | VR-灯光 按钮，如图7-76所示。在【前】视图中创建VR灯光，具体的位置如图7-77所示。

图7-76

图7-77

09 选择上一步创建的VR灯光，在【修改】面板下【常规】选项组下设置【类型】为【球体】、【半径】为1500.0mm、【倍增】为0.4、【颜色】为淡黄色；在【选项】选项组下选中【不可见】和【不衰减】复选框，如图7-78所示。

图7-78

10 最终渲染效果如图7-79所示。

图7-79

实例112　　VR太阳制作日光

文件路径	第7章 \ VR 太阳制作日光
难易指数	★★★★★
技术掌握	VR- 太阳

🔍扫码深度学习

操作思路

本例通过使用【VR-太阳】制作太阳光照。

案例效果

案例效果如图7-80所示。

图7-80

操作步骤

01 打开本书配备的"第7章\VR太阳制作日光\08.max"文件，如图7-81所示。

图7-81

02 单击【创建】➕|【灯光】💡| VRay ▼ | VR-太阳 按钮，如图7-82所示。

图7-82

03 在【前】视图中拖曳创建一盏VR太阳灯光，如图7-83所示。在弹出的【V-Ray太阳】对话框中单击【是】按钮，如图7-84所示。

图7-83

图7-84

04 选择创建的VR太阳灯光，在【修改】面板下的【太阳参数】中设置【强度倍增】为0.05、【大小倍增】为10.0。在【天空参数】中设置【浊度】为3.0，如图7-85所示。

图7-85

05 最终渲染效果如图7-86所示。

图7-86

实例113　　VR灯光制作创意灯饰

文件路径	第7章 \VR 灯光制作创意灯饰	
难易指数	★★★★★	
技术掌握	VR- 灯光	🔍扫码深度学习

操作思路

本例通过使用【VR-灯光】制作创意灯饰灯光。

案例效果

案例效果如图7-87所示。

图7-87

第**7**章　VRay 灯光技术

209

🎤操作步骤

01 打开本书配备的"第7章\ VR灯光制作创意灯饰\09.max"文件,如图7-88所示。

图7-88

02 在场景中创建一盏VR灯光,如图7-89所示。

图7-89

03 单击【修改】按钮 ,设置【长度】为160.0mm、【宽度】为100.0mm、【倍增】为5.0、【颜色】为蓝色。选中【不可见】复选框,如图7-90所示。

图7-90

04 在创意灯模型的位置创建3盏VR灯光【球体】,如图7-91所示。

05 单击【修改】按钮 ,设置【类型】为【球体】、【半径】为1.2mm、【倍增】为100.0、【颜色】为橙色,选中【不可见】复选框,如图7-92所示。

图7-91

图7-92

06 最终渲染效果如图7-93所示。

图7-93

实例114　VRayIES灯光制作壁灯

文件路径	第7章\VRayIES 灯光制作壁灯	
难易指数	★★★★★	
技术掌握	● VR- 灯光 ● VRayIES	🔍扫码深度学习

💡操作思路

本例通过使用【VR-灯光】制作室外辅助灯光,使用VRayIES制作墙体附近的射灯效果。

🖱案例效果

案例效果如图7-94所示。

图7-94

操作步骤

01 打开本书配备的"第7章\VRayIES灯光制作壁灯\10.max"文件，如图7-95所示。

图7-95

02 单击 ＋（创建）| ● （灯光）| <u>VRay ▼</u> | <u>VR-灯光</u> 按钮，如图7-96所示。

图7-96

03 在【左】视图中创建一盏VR灯光，其具体位置如图7-97所示。

图7-97

04 选择创建的VR灯光，在【修改】面板下【常规】选项组下设置【类型】为【球体】、【半径】为

82.0mm、【倍增】为150.0、【颜色】为橘色。在【选项】选项组下勾选【不可见】复选框，取消勾选【影响反射】复选框，如图7-98所示。

图7-98

05 单击 ＋（创建）| ● （灯光）| <u>VRay ▼</u> | <u>VR-灯光</u> 按钮，其具体位置如图7-99所示。

图7-99

06 选择上一步创建的VR灯光，在【修改】面板下【常规】选项组下设置【类型】为【平面】、【长度】为79.7mm、【宽度】为375.1mm、【倍增】为90.0、【颜色】为橘色。在【选项】选项组下选中【不可见】复选框，取消选中【影响反射】复选框，如图7-100所示。

图7-100

07 单击【创建】 ＋ |【灯光】 ● | <u>VRay ▼</u> | <u>VR-灯光</u> 按钮，如图7-101所示。在【前】视图中创建VR灯光，具体的位置如图7-102所示。

08 选择上一步创建的VR灯光，在【修改】面板下【常规】选项组下设置【类型】为【穹顶】、【倍增】为1.0、【颜色】为灰蓝色，如图7-103所示。

图7-101

图7-102

图7-103

09 单击【创建】 ＋ |【灯光】 💡 | VRay ▼ | VR-光域网 按钮,如图7-104所示。在【前】视图中创建VR-光域网,具体的位置如图7-105所示。

图7-104

图7-105

10 选择上一步创建的VRayIES,在【修改】面板下设置其具体的参数,在【VRay 光域网(IES)参数】下的【IES文件】中加载【28.ies】文件,设置【颜色】为黄色、【功率】为0.3,如图7-106所示。

图7-106

11 复制上一步中创建的VRayIES,使用【选择并移动】工具 ✛ 复制1盏。具体位置如图7-107所示,此时不需要进行参数的调整。

图7-107

12 最终渲染效果如图7-108所示。

图7-108

第8章

材质与贴图技术

本章概述

　　材质与贴图是效果图设计中非常重要的环节，通过对材质与贴图的设置，可以使效果图产生更逼真的质感和纹理。本章将对多种材质类型、贴图类型进行详细讲解，其中读者需特别重点掌握VR材质。

本章重点

- VR材质类型参数的设置
- 多种材质类型和贴图类型的使用方法

8.1 玻璃、牛奶、陶瓷

文件路径	第8章\玻璃、牛奶、陶瓷
难易指数	★★★★★
技术掌握	● VRayMtl 材质 ● 【VR- 快速 SSS2】材质 ● 凹凸贴图

扫码深度学习

操作思路

本例通过使用VRayMtl材质、【VR-快速SSS2】材质、凹凸贴图制作玻璃、牛奶、陶瓷材质效果。

案例效果

案例效果如图8-1所示。

图8-1

操作步骤

实例115 玻璃材质

01 打开本书配备的"第8章\玻璃、牛奶、陶瓷\01.max"文件，如图8-2所示。

图8-2

02 按 M 键打开材质编辑器，选择一个空白材质球，单击 Standard 按钮，在弹出的【材质/贴图浏览器】对话框中选择VRayMtl材质，如图8-3所示。

图8-3

03 将材质命名为【玻璃】，在【反射】选项组下调整【反射】颜色为灰色。单击【光泽度】后面的 M 按钮，分别加载basic_plastic_spec_001_genova_scenected.jpg贴图文件。单击【菲涅耳IOR】后的 L 按钮，调整【菲涅耳折射率】为1.45，如图8-4所示。

图8-4

04 在【折射】选项组下调整【折射】颜色为白色，选中【影响阴影】复选框，设置【IOR(折射率)】为1.5、【烟雾颜色】为深灰色，如图8-5所示。

图8-5

05 在【选项】卷展栏下，设置【中止】为0.005，如图8-6所示。

06 在【贴图】卷展栏下，设置【光泽度】为34.0，如图8-7所示。

图8-6

图8-7

07 将调整完成的【玻璃】材质赋予场景中的模型，如图8-8所示。

图8-8

> **提示** 切换材质编辑器
>
> 3ds Max高版本的默认材质编辑器为Slate材质编辑器。若想使用精简材质编辑器，只需要按M键打开材质编辑器，然后执行【模式/精简材质编辑器】命令，如图8-9所示。

图8-9

切换到精简材质编辑器的效果如图8-10所示。

图8-10

实例116 牛奶材质

01 选择一个空白材质球，单击 Standard 按钮，在弹出的【材质/贴图浏览器】对话框中选择【VR-快速SSS2】材质，如图8-11所示。

图8-11

02 将材质命名为【牛奶】，在【漫反射和子曲面散布层】卷展栏下，调整【全局颜色】为土黄色、【漫反射颜色】为淡黄色、【漫反射量】为0.4、【子曲面颜色】为淡蓝色、【散布颜色】为浅灰色、【散布半径（厘米）】为4.43。在【高光反射层】卷展栏下，更改【高光光泽度】为0.98，选中【跟踪反射】复选框。在【选项】卷展栏下，设置【单个散布】为【光线跟踪（折射）】，如图8-12所示。

图8-12

13 将调整完成的【牛奶】材质赋予场景中的模型，如图8-13所示。

图8-13

实例117 陶瓷材质

01 选择一个空白材质球，单击 Standard 按钮，在弹出的【材质/贴图浏览器】对话框中选择VRayMtl材质，如图8-14所示。

图8-14

02 将材质命名为【陶瓷】，在【漫反射】选项组下调整【漫反射】颜色为白色。在【反射】选项组下调整【反射】颜色为白色、调整反射【光泽度】数值为0.95。在【折射】选项组下选中【影响阴影】复选框，如图8-15所示。

图8-15

03 在【选项】卷展栏下调整【中止】数值为0.005，如图8-16所示。

图8-16

04 展开【贴图】卷展栏，在【凹凸】后面的通道上加载basic_hard_scratch_spec_002_genova_scenected.jpg贴图文件，并设置【凹凸】为15.0，如图8-17所示。

图8-17

05 将调整完成的【陶瓷】材质赋予场景中的模型，如图8-18所示。

图8-18

06 最终渲染效果如图8-19所示。

图8-19

8.2 灯罩、灯陶瓷、灯金属

文件路径	第 8 章 \ 灯罩、灯陶瓷、灯金属
难易指数	⭐⭐⭐⭐⭐
技术掌握	● VR-混合材质 ● VRayMtl 材质 ● VRay2SidedMtl 材质 ● 【VR-污垢】程序贴图 ● 【噪波】程序贴图

🔍扫码深度学习

操作思路

本例通过使用VR-混合材质、VRayMtl材质、VRay2SidedMtl材质、【VR-污垢】程序贴图、【噪波】程序贴图制作灯金属、灯罩、灯陶瓷材质效果。

案例效果

案例效果如图8-20所示。

图8-20

操作步骤

实例118 灯罩材质

01 打开本书配备的"第8章\灯罩、灯陶瓷、灯金属\02.max"文件,如图8-21所示。

图8-21

02 按M键,打开材质编辑器,选择一个空白材质球,单击 Standard 按钮,在弹出的【材质/贴图浏览器】对话框中选择VRayMtl材质,如图8-22所示。

图8-22

03 将材质命名为【灯罩】,在【漫反射】后面的通道上加载【花纹.jpg】贴图文件,展开【坐标】卷展栏,设置瓷砖U为6.6、瓷砖V为2.3、【模糊】为0.5,如图8-23所示。

图8-23

04 在【折射】选项组下,设置【折射】颜色为黑色、【光泽度】为0.65,如图8-24所示。

图8-24

05 展开【贴图】卷展栏，在【凹凸】后面的通道上加载【花纹.jpg】贴图文件。展开【坐标】卷展栏，设置瓷砖U为6.6、瓷砖V为2.3、【模糊】为0.5、设置【凹凸数量】为10，如图8-25所示。

图8-25

06 将制作完毕的灯罩材质赋给场景中的灯罩模型，如图8-26所示。

图8-26

实例119 灯陶瓷材质

01 选择一个空白材质球，单击 Standard 按钮，在弹出的【材质/贴图浏览器】对话框中选择【多维/子对象】材质，选择【丢弃旧材质】选项，如图8-27所示。

图8-27

02 将材质命名为【灯陶瓷】，单击【设置数量】按钮，设置【材质数量】为2，分别在通道上加载VRayMtl材质，如图8-28所示。

图8-28

03 单击进入ID号为1的通道，加载VRayMtl材质，在【漫反射】选项组下，调整【漫反射】颜色为黑色。在【折射】选项组下单击【反射】后的按钮，在通道上加载【衰减】程序贴图，展开【衰减参数】卷展栏，设置【衰减类型】为Fresnel；设置【光泽度】为0.8，取消选中【菲涅耳反射】复选框，如图8-29所示。

图8-29

04 单击进入ID号为2的通道，加载VRayMtl材质，在【漫反射】选项组下调整【漫反射】颜色为灰色，取消选中【菲涅耳反射】复选框。在【BRDF(双向反射分布函数)】选项组下，设置为【反射】如图8-30所示。

图8-30

05 将调整完成的【蜡烛】材质赋予场景中的蜡烛模型，如图8-31所示。

图8-31

实例120 灯金属材质

01 选择一个空白材质球，单击 Standard 按钮，在弹出的【材质/贴图浏览器】对话框中选择VRayMtl材质，如图8-32所示。

图8-32

图8-35

02 将材质命名为【灯金属】，在【漫反射】选项组下调整【漫反射】颜色为浅棕色。在【反射】选项组下调整【反射】颜色为淡绿色，设置【光泽度】为0.8，取消选中【菲涅耳反射】复选框。在【BRDF(双向反射分布函数)】卷展栏下，选择【反射】，如图8-33所示。

8.3 皮革、沙发、窗帘、地毯

文件路径	第8章\皮革、沙发、窗帘、地毯	
难易指数	★★★★★	
技术掌握	● VRayMtl 材质 ● 【衰减】程序贴图	扫码深度学习

图8-33

03 将调整完成的【灯金属】材质赋予场景中的灯具模型，如图8-34所示。

操作思路

本例通过使用VRayMtl材质、【衰减】程序贴图制作皮革、沙发、窗帘、地毯材质效果。

案例效果

案例效果如图8-36所示。

图8-36

操作步骤

实例121　皮革材质

01 打开本书配备的"第8章\皮革、沙发、窗帘、地毯\03.max"文件，如图8-37所示。

02 按M键打开材质编辑器，选择一个空白材质球，单击 Standard 按钮，在弹出的【材质/贴图浏览器】对话框中选择VRayMtl材质，如图8-38所示。

图8-34

04 将剩余的材质制作完成，并赋予相应的物体，最终渲染效果如图8-35所示。

图8-37

图8-38

图8-40

实例122　单人沙发材质

01 选择一个空白材质球，单击 Standard 按钮，在弹出的【材质/贴图浏览器】对话框中选择VRayMtl材质，如图8-41所示。

图8-41

02 将材质命名为【沙发】，在【漫反射】选项组下加载【衰减】程序贴图，展开【衰减参数】卷展栏，分别在两个颜色后面的通道上加载1_4 a.jpg和1_4 a 2.jpg贴图文件，设置瓷砖的U和V均为2.0。展开【混合曲线】卷展栏，并调整曲线样式，如图8-42所示。

03 将材质命名为【皮革】，在【漫反射】选项组下调整【漫反射】颜色为黑色。单击【反射】后的按钮，在通道上加载【衰减】程序贴图。展开【衰减参数】卷展栏，调整两个颜色分别为黑色和浅蓝色，设置【衰减类型】为Fresnel。在【模式特定参数】选项组下设置【折射率】为2.1。回到【反射】选项组下，设置反射【光泽度】为0.7，取消选中【菲涅耳反射】复选框，如图8-39所示。

图8-39

04 将调整完成的【皮革】材质赋予场景中的圆茶几模型，如图8-40所示。

图8-42

03 将调整完成的【沙发】材质赋予场景中的沙发模型，如图8-43所示。

图8-43

实例123 窗帘材质

01 选择一个空白材质球，单击 Standard 按钮，在弹出的【材质/贴图浏览器】对话框中选择VRayMtl材质，如图8-44所示。

图8-44

02 将材质命名为【窗帘】，在【漫反射】选项组下调整【漫反射】颜色为浅蓝色。在【反射】选项组下取消选中【菲涅耳反射】复选框。在【折射】选项组下调整【折射】颜色为深灰色、【光泽度】为0.85、【IOR（折射率）】为1.001，选中【影响阴影】复选框，如图8-45所示。

图8-45

03 将调整完成的【窗帘】材质赋予场景中的窗帘模型，如图8-46所示。

图8-46

实例124 卡通地毯材质

01 选择一个空白材质球，单击 Standard 按钮，在弹出的【材质/贴图浏览器】对话框中选择VRayMtl材质，如图8-47所示。

图8-47

02 将材质命名为【地毯】，在【漫射】选项组下加载2008313155557767500.jpg贴图文件，设置瓷砖的U和V均为0.32，如图8-48所示。

图8-48

03 展开【贴图】卷展栏，将【漫反射】后面的贴图拖曳到【凹凸】的贴图通道上，在【实例（副本）贴图】对话框中设置方法为【复制】，并设置【凹凸】为–30.0，如图8-49所示。

图8-49

04 选择地毯模型，为其加载【UVW贴图】修改器，并设置【贴图】方式为【平面】，设置【长度】、【宽度】均为600.0mm，设置【对齐】为Z，如图8-50所示。

图8-50

05 将调整完成的【地毯】材质赋予场景中的地毯模型，如图8-51所示。

图8-51

06 最终渲染效果如图8-52所示。

图8-52

8.4 花瓶、花朵、树枝

文件路径	第8章\花瓶、花朵、树枝
难易指数	★★★★★
技术掌握	● VRayMtl 材质 ● 【VR- 材质包裹器】材质 ● 【衰减】程序贴图

扫码深度学习

操作思路

本例通过使用VRayMtl材质、【VR-材质包裹器】材质、【衰减】程序贴图制作花瓶、花朵、树枝材质效果。

案例效果

案例效果如图8-53所示。

图8-53

操作步骤

实例125 花瓶材质

01 打开本书配备的"第8章\花瓶、花朵、树枝\04.max"文件，如图8-54所示。

02 按M键打开材质编辑器，选择一个空白材质球，单击 Standard 按钮，在弹出的【材质/贴图浏览器】对话框中选择VRayMtl材质，如图8-55所示。

03 将材质命名为【花瓶】，在【漫反射】后面的通道上加载2.jpg贴图文件。在【反射】选项组下取消选中【菲涅耳反射】复选框，如图8-56所示。

图 8-54

图 8-55

图 8-56

04 将调整完成的【花瓶】材质赋予场景中的花瓶模型，如图8-57所示。

图 8-57

实例126　花朵材质

01 选择一个空白材质球，单击 Standard 按钮，在弹出的【材质/贴图浏览器】对话框中选择【VR-材质包裹器】材质，选择【丢弃旧材质】选项，如图8-58所示。

图 8-58

02 将材质命名为【花朵】，展开【VR材质包裹器参数】卷展栏，并在【基本材质】通道上加载VRayMtl材质，单击进入【基本材质】的通道中，在【漫反射】选项组下加载【衰减】程序贴图，分别调整两个颜色为红色和粉色，设置【衰减类型】为Fresnel，设置【折射率】为1.6。展开【混合曲线】卷展栏，调整曲线样式。取消选中【菲涅尔反射】复选框。在【选项】卷展栏下设置【中止】为0.01，取消选中【雾系统单位比例】复选框。返回到【VR材质包裹器参数】卷展栏，将【接收全局照明】调整为2.5，如图8-59所示。

图 8-59

03 将调整完成的【花朵】材质赋予场景中的花朵模型，如图8-60所示。

图8-60

实例127 树枝材质

01 选择一个空白材质球，单击 Standard 按钮，在弹出的【材质/贴图浏览器】对话框中选择VRayMtl材质，如图8-61所示。

图8-61

02 将材质命名为【树枝】，在【漫反射】选项组下调整【漫反射】颜色为黑色。在【反射】选项组下设置【光泽度】为0.65，取消选中【菲涅耳反射】复选框，如图8-62所示。

图8-62

03 将调整完成的【树枝】材质赋予场景中的树枝模型，如图8-63所示。

04 最终渲染效果如图8-64所示。

图8-63

图8-64

8.5 酒瓶、洋酒、冰块、托盘

文件路径	第8章\酒瓶、洋酒、冰块、托盘
难易指数	★★★★★
技术掌握	● VRayMtl 材质 ● 【噪波】程序贴图 ● 凹凸贴图

扫码深度学习

操作思路

本例通过使用VRayMtl材质、【噪波】程序贴图、凹凸贴图制作酒瓶、洋酒、冰块、托盘材质效果。

案例效果

案例效果如图8-65所示。

图8-65

实例128 酒瓶材质

01 打开本书配备的"第8章\酒瓶、洋酒、冰块、托盘\05.max"文件，如图8-66所示。

图8-66

02 按M键打开材质编辑器，选择一个空白材质球，单击 Standard 按钮，在弹出的【材质/贴图浏览器】对话框中选择VRayMtl材质，如图8-67所示。

图8-67

03 将材质命名为【酒瓶】，在【漫反射】选项组下调整【漫反射】颜色为白色。在【反射】选项组下调整【反射】颜色为白色。在【折射】选项组下调整【折射】颜色为白色，设置【IOR（折射率）】为1.66，选中【影响阴影】复选框，设置【影响通道】为【颜色+Alpha】，如图8-68所示。

04 在【BRDF(双向反射分布函数)】卷展栏下，设置为【多面】，在【选项】卷展栏下设置【中止】为0.01，取消选中【雾系统单位比例】复选框，如图8-69所示。

图8-68

图8-69

05 将调整完成的【酒瓶】材质赋予场景中的酒瓶模型，如图8-70所示。

图8-70

实例129 洋酒材质

01 选择一个空白材质球，单击 Standard 按钮，在弹出的【材质/贴图浏览器】对话框中选择VRayMtl材质，如图8-71所示。

02 将材质命名为【洋酒】，在【反射】选项组下取消选中【菲涅耳反射】复选框。在【折射】选项组下调整【折射】颜色为白色，设置【IOR(折射率)】为1.33，选中【影响阴影】复选框，设置【烟色】为橘色，如图8-72所示。

图8-71

图8-72

图8-73

03 将调整完成的【洋酒】材质赋予场景中的模型，如图8-73所示。

实例130　冰块材质

01 选择一个空白材质球，单击 Standard 按钮，在弹出的【材质/贴图浏览器】对话框中选择VRayMtl材质，如图8-74所示。

图8-74

02 将材质命名为【冰块】，在【漫反射】选项组下调整【漫反射】颜色为白色。在【反射】选项组下调整【反射】颜色为白色。在【折射】选项组下，加载【噪波】程序贴图，展开【坐标】卷展栏，设置【瓷砖】的X、Y和Z均为0.394。展开【噪波参数】卷展栏，设置【噪波类型】为【分形】、【级别】为10.0、【大小】为50.0，调整【颜色#1】为浅灰色。返回到【折射】选项组下，选中【影响阴影】复选框，设置【影响通道】为【颜色+Alpha】、【IOR（折射率）】为1.4，如图8-75所示。

图8-75

03 展开【贴图】卷展栏，在【凹凸】后面的贴图通道上加载【噪波】程序贴图，在【坐标】卷展栏下设置瓷砖的X、Y和Z均为0.394。在【噪波参数】卷展栏下，设置【大小】为60.0，并设置【凹凸】为40.0，如图8-76所示。

图8-76

04 将调整完成的【冰块】材质赋予场景中的冰块模型，如图8-77所示。

图8-77

实例131 托盘材质

01 选择一个空白材质球，单击 Standard 按钮，在弹出的【材质/贴图浏览器】对话框中选择VRayMtl材质，如图8-78所示。

图8-78

02 将材质命名为【金属托盘】，在【漫反射】选项组下调整【漫反射】颜色为棕色。在【反射】选项组

下调整【反射】颜色为土黄色，设置【光泽度】为0.96，单击【菲涅尔IOR】后面的 L 按钮，调整【菲涅尔IOR】为20.0，如图8-79所示。

图8-79

03 在【BRDF(双向反射分布函数)】卷展栏下，设置为【多面】。在【选项】卷展栏下设置【中止】为0.01，取消选中【雾系统单位比例】复选框，如图8-80所示。

图8-80

04 将调整完成的【金属托盘】材质赋予场景中的托盘模型，如图8-81所示。

图8-81

05 最终渲染效果如图8-82所示。

图8-82

8.6 木地板、木纹、背景

文件路径	第 8 章 \ 木地板、木纹、背景
难易指数	★★★★★
技术掌握	● 【VR-材质包裹器】材质 ● VRayMtl 材质 ● 【输出】程序贴图 ● 【凹凸】贴图 ● 【VR-灯光材质】材质

🔍扫码深度学习

💡操作思路

本例通过使用【VR-材质包裹器】材质、VRayMtl材质、【输出】程序贴图、【凹凸】贴图、【VR-灯光材质】材质制作木地板、木纹、背景材质效果。

🖱案例效果

案例效果如图8-83所示。

图 8-83

🎙操作步骤

实例132 木地板材质

01 打开本书配备的"第8章\木地板、木纹、背景\06.max"文件，如图8-84所示。

图 8-84

02 按M键打开材质编辑器，选择一个空白材质球，单击 Standard 按钮，在弹出的【材质/贴图浏览器】对话框中选择【VR-材质包裹器】材质，选择【丢弃旧材质】

选项，如图8-85所示。

图 8-85

03 将材质命名为【木地板】，展开【VR材质包裹器参数】卷展栏，并在【基本材质】通道上加载VRayMtl材质，单击进入【基本材质】通道中，在【漫反射】选项组下加载3_Diffuse.jpg贴图文件。设置【反射】颜色为深灰色，设置【光泽度】为0.85，取消选中【菲涅尔反射】复选框。将【附加曲面属性】选项组下的【生成全局照明】为1.2，如图8-86所示。

图 8-86

04 展开【贴图】卷展栏，将【漫反射】后面的贴图拖曳到【凹凸】的贴图通道上，在【实例（副本）贴图】对话框中设置方法为【复制】，并设置【凹凸】为10.0。在【环境】贴图通道上加载【输出】程序贴图，如图8-87所示。

图 8-87

05 选择地板模型，然后为其加载【UVW贴图】修改器，并设置【贴图】方式为【长方体】，设置【长度】为1128.00mm、【宽度】为1157.00mm、【高度】为108.0mm，最后设置【对齐】为Z，如图8-88所示。

图8-88

06 将调整完成的【木地板】材质赋予场景中的地板模型，如图8-89所示。

图8-89

实例133 木纹材质

01 选择一个空白材质球，单击 Standard 按钮，在弹出的【材质/贴图浏览器】对话框中选择VRayMtl材质，如图8-90所示。

图8-90

02 将材质命名为【木纹】，在【漫反射】选项组下加载【木纹.jpg】贴图文件，设置【反射】颜色为深灰色，设置【光泽度】为0.82，单击【菲涅尔IOR】后面的 L 按钮，调整【菲涅尔IOR】为5.0，如图8-91所示。

图8-91

03 展开【贴图】卷展栏，将【漫反射】后面的贴图拖曳到【凹凸】的贴图通道上，设置方式为【复制】，并设置【凹凸】为20.0，如图8-92所示。

图8-92

04 将调整完成的【木纹】材质赋予场景中的座椅模型，如图8-93所示。

图8-93

实例134 背景材质

01 选择一个空白材质球，单击 Standard 按钮，在弹出的【材质/贴图浏览器】对话框中选择【VRay 灯光材质】材质，如图8-94所示。

02 将材质命名为【背景】，在【颜色】后面的数值框中设置数值为2.5，并在后面的通道上加载【背景.jpg】贴图文件，如图8-95所示。

03 选择背景模型，然后为其加载【UVW贴图】修改器，并设置【贴图】方式为【长方体】，设置【长度】为4776.8mm、【宽度】为10509.0mm、【高度】为30.0mm，最后设置【对齐】为Z，如图8-96所示。

图8-94

图8-95

图8-96

04 将调整完成的【背景】材质赋予场景中的模型，如图8-97所示。

图8-97

05 最终渲染效果如图8-98所示。

图8-98

8.7 绒布、地毯、纸张

文件路径	第8章\绒布、地毯、纸张	
难易指数	★★★★★	
技术掌握	● 【VR-混合材质】材质 ● VRayMtl 材质 ● 【颜色校正】程序贴图 ● 【衰减】程序贴图 ● 【细胞】程序贴图 ● 【凹凸】贴图 ● 【置换】贴图	扫码深度学习

操作思路

本例通过使用【VR-混合材质】材质、VRayMtl材质、【颜色校正】程序贴图、【衰减】程序贴图、【细胞】程序贴图、【凹凸】贴图、【置换】贴图制作绒布、地毯、纸张材质效果。

案例效果

案例效果如图8-99所示。

图8-99

操作步骤

实例135　绒布材质

01 打开本书配备的"第8章\绒布、地毯、纸张\07.max"文件，如图8-100所示。

图8-100

02 按M键打开材质编辑器，选择一个空白材质球，单击 Standard 按钮，在弹出的【材质/贴图浏览器】对话框中选择【VR-混合材质】材质，选择【丢弃旧材质】选项，如图8-101所示。

图8-101

03 将材质命名为【绒布】，展开【参数】卷展栏，并在【基本材质】通道上加载VRayMtl材质，单击进入【基本材质】的通道中。在【漫反射】选项组下加载【颜色校正】程序贴图，在【颜色】卷展栏中调整【色调切换】为12.0。在【基本参数】卷展栏【贴图】后面的通道加载【衰减】程序贴图，展开【衰减参数】卷展栏，分别调整两个颜色后面的数值为95.0和85.0，分别在后面的通道上加载476596-1-29.jpg贴图文件，设置【瓷砖】的U和V均为5.0。展开【混合曲线】卷展栏，调整曲线样式，如图8-102所示。

图8-102

04 继续在【基本材质】通道中，展开【选项】卷展栏，设置【中止】为0.005。展开【贴图】卷展栏，在【凹凸】后面的通道上加载【混合】程序贴图，在【混合参数】卷展栏下，【颜色#1】后面的通道加载【细胞】程序贴图，设置【细胞特性】选项组中【大小】为0.01；

【颜色#2】后面的通道加载476596-5-29.jpg贴图文件，设置【混合量】为55.0，并设置【凹凸】为17.0，如图8-103所示。

图8-103

05 在【镀膜材质1】通道上加载VRayMtl材质，设置名称为upholstery。在【漫反射】选项组下加载【颜色校正】程序贴图，在【颜色】卷展栏中调整【色调切换】为12.0。在【基本参数】卷展栏的【贴图】后面的通道加载【衰减】程序贴图，展开【衰减参数】卷展栏，分别调整两个颜色后面的数值为95.0和55.0，分别在颜色后面的通道上加载476596-2-29.jpg贴图文件，设置【瓷砖】的U和V均为5.0。展开【混合曲线】卷展栏，调整曲线样式，如图8-104所示。

图8-104

06 继续在【镀膜材质1】通道中，展开【选项】卷展栏，设置【中止】为0.005。展开【贴图】卷展栏，在【凹凸】后面的通道上加载【混合】程序贴图，在【混合参数】卷展栏下，【颜色#1】后面的通道加载【细胞】程序贴图，在【细胞特性】选项组中设置【大小】为0.01，在【颜色#2】后面的通道加载476596-5-29.jpg贴图文件，设置【混合量】为55.0，并设置【凹凸】为17.0，如图8-105所示。

图8-105

07 在【混合数量1】通道上加载476596-3-29.jpg贴图文件，设置【瓷砖】的U和V均为2.0。调整1后面的数值为50.0，如图8-106所示。

图8-106

08 将调整完成的【绒布】材质赋予场景中的沙发模型，如图8-107所示。

图8-107

实例136 地毯材质

01 选择一个空白材质球，单击 Standard 按钮，在弹出的【材质/贴图浏览器】对话框中选择VRayMtl材质，如图8-108所示。

图8-108

02 将材质命名为【地毯】，在【漫反射】选项组下加载【地毯.jpg】贴图文件，设置【瓷砖】的U和V均为6.0，取消选中【菲涅耳反射】复选框，如图8-109所示。

图8-109

03 在【选项】卷展栏下，设置【中止】为0.01，取消选中【雾系统单位比例】复选框，如图8-110所示。

图8-110

04 展开【贴图】卷展栏，将【漫反射】后面的贴图分别拖曳到【凹凸】和【置换】的贴图通道上，设置方式为【复制】，并设置【凹凸】为30.0、【置换】为8.0，如图8-111所示。

图8-111

05 将调整完成的【地毯】材质赋予场景中的地毯模型，如图8-112所示。

图8-112

实例137 纸张材质

01 选择一个空白材质球，单击 Standard 按钮，在弹出的【材质/贴图浏览器】对话框中选择VRayMtl材质，如图8-113所示。

图8-113

图8-116

02 将材质命名为【纸张】，在【漫反射】选项组下加载10_front.jpg贴图文件，设置【角度】的W为90.0，取消选中【菲涅耳反射】复选框，如图8-114所示。

图8-114

05 最终渲染效果如图8-117所示。

图8-117

8.8 乳胶漆、壁纸、镜子、塑料

文件路径	第8章\乳胶漆、壁纸、镜子、塑料
难易指数	★★★★★
技术掌握	● VRayMtl 材质 ● 【凹凸】贴图

⚲扫码深度学习

💡 操作思路

本例通过使用VRayMtl材质、【凹凸】贴图制作乳胶漆、壁纸、镜子、塑料材质效果。

🖱 案例效果

案例效果如图8-118所示。

03 选择书籍模型，为其加载【UVW贴图】修改器，设置【贴图】方式为【长方体】，设置【长度】为261.3mm、【宽度】为176.0mm、【高度】为243.8mm，如图8-115所示。

图8-115

04 将调整完成的【纸张】材质赋予场景中的书籍模型，如图8-116所示。

图8-118

🎙️操作步骤

实例138　乳胶漆材质

01 打开本书配备的"第8章\乳胶漆、壁纸、镜子、塑料\08.max"文件，如图8-119所示。

图8-119

02 按M键打开材质编辑器，选择一个空白材质球，单击 Standard 按钮，在弹出的【材质/贴图浏览器】对话框中选择VRayMtl材质，如图8-120所示。

图8-120

03 将材质命名为【乳胶漆】，在【漫反射】选项组下调整【漫反射】颜色为白色，取消选中【菲涅耳反射】复选框。在【选项】卷展栏下，设置【中止】为0.01，取消选中【雾系统单位比例】复选框，如图8-121所示。

图8-121

04 将调整完成的【乳胶漆】材质赋予场景中的墙体模型，如图8-122所示。

图8-122

实例139　壁纸材质

01 选择一个空白材质球，单击 Standard 按钮，在弹出的【材质/贴图浏览器】对话框中选择VRayMtl材质，如图8-123所示。

图8-123

02 将材质命名为【壁纸】，在【漫反射】选项组下加载666.png贴图文件，设置【瓷砖】的U为3.0、V为2.0，取消选中【菲涅耳反射】复选框，如图8-124所示。

图8-124

03 在【选项】卷展栏下，设置【中止】为0.01，取消选中【雾系统单位比例】复选框，如图8-125所示。

图 8-125

04 展开【贴图】卷展栏，将【漫反射】后面的贴图拖曳到【凹凸】的贴图通道上，设置方式为【复制】，并设置【凹凸】为9.0，如图8-126所示。

图 8-126

05 选择墙面模型，为其加载【UVW贴图】修改器，并设置【贴图】方式为【平面】，设置【长度】为4299.2mm、【宽度】为7554.5mm，最后设置【对齐】为Z，如图8-127所示。

图 8-127

06 将调整完成的【壁纸】材质赋予场景中的墙体模型，如图8-128所示。

图 8-128

实例140　镜子材质

01 选择一个空白材质球，单击 Standard 按钮，在弹出的【材质/贴图浏览器】对话框中选择VRayMtl材质，如图8-129所示。

图 8-129

02 将材质命名为【镜子】，在【漫反射】选项组下调整【漫反射】颜色为黑色，在【反射】选项组下调整【反射】颜色为白色，取消选中【菲涅耳反射】复选框，如图8-130所示。

图 8-130

03 将调整完成的【镜子】材质赋予场景中的镜面模型，如图8-131所示。

图 8-131

实例141 塑料材质

01 选择一个空白材质球，单击 Standard 按钮，在弹出的【材质/贴图浏览器】对话框中选择VRayMtl材质，如图8-132所示。

图8-132

02 将材质命名为【塑料】，在【漫反射】选项组下调整【漫反射】颜色为深蓝色，在【反射】选项组下调整【反射】颜色为浅灰色，设置【反射光泽度】为0.75，如图8-133所示。

图8-133

03 将调整完成的【塑料】材质赋予场景中的镜子模型，如图8-134所示。

图8-134

04 最终渲染效果如图8-135所示。

图8-135

8.9 不锈钢金属、磨砂金属、拉丝金属

文件路径	第8章\不锈钢金属、磨砂金属、拉丝金属
难易指数	★★★★★
技术掌握	● VRayMtl 材质 ● 【噪波】程序贴图

扫码深度学习

操作思路

本例通过使用VRayMtl材质、【噪波】程序贴图来制作不锈钢金属、磨砂金属、拉丝金属材质效果。

案例效果

案例效果如图8-136所示。

图8-136

操作步骤

实例142 不锈钢金属材质

01 打开本书配备的"第8章\不锈钢金属、磨砂金属、拉丝金属\09.max"文件，如图8-137所示。

02 按M键打开材质编辑器，选择一个空白材质球，单击 Standard 按钮，在弹出的【材质/贴图浏览器】对话框中选择VRayMtl材质，如图8-138所示。

图8-137

图8-138

03 将材质命名为【不锈钢金属】，在【漫反射】选项组下调整【漫反射】颜色为深灰色，设置【反射】颜色为灰色，设置【光泽度】为0.93，取消选中【菲涅耳反射】复选框，如图8-139所示。

图8-139

04 在【BRDF(双向反射分布函数)】卷展栏下，设置【类型】为【反射】，设置【各向异性】为0.4、【翻转】为60.0。在【选项】卷展栏下，设置【中止】为0.01，取消选中【雾系统单位比例】复选框，如图8-140所示。

图8-140

05 将调整完成的【不锈钢金属】材质赋予场景中的水槽模型，如图8-141所示。

图8-141

实例143 磨砂金属材质

01 选择一个空白材质球，单击 Standard 按钮，在弹出的【材质/贴图浏览器】对话框中选择VRayMtl材质，如图8-142所示。

图8-142

02 将材质命名为【磨砂金属】，在【漫反射】选项组下调整【漫反射】颜色为黑色。在【反射】选项组下调整【反射】颜色为灰色，设置【光泽度】为0.8；单击【菲涅耳IOR】后的 L 按钮，调整【菲涅耳IOR】为10.0。在【折射】选项组下设置【IOR（折射率）】为10.0，如图8-143所示。

03 展开【BRDF(双向反射分布函数)】卷展栏，选择【多面】。在【选项】卷展栏下，设置【中止】为0.01，取消选中【雾系统单位比例】复选框，如图8-144所示。

图8-143   图8-144

04 将调整完成的【磨砂金属】材质赋予场景中水龙头模型，如图8-145所示。

图8-145

实例144 拉丝金属材质

01 选择一个空白材质球，单击 Standard 按钮，在弹出的【材质/贴图浏览器】对话框中选择VRayMtl材质，如图8-146所示。

图8-146

02 将材质命名为【拉丝金属】，在【漫反射】选项组下调整【漫反射】颜色为灰色。在【反射】选项组下调整【反射】颜色为灰色，设置【光泽度】为0.85，取消选中【菲涅耳反射】复选框，如图8-147所示。

图8-147

03 在【选项】卷展栏下，设置【中止】为0.01，取消勾选【雾系统单位比例】复选框，如图8-148所示。

04 展开【贴图】卷展栏，在【凹凸】后面的贴图通道上加载【噪波】程序贴图，在【坐标】卷展栏下设置【瓷砖】的X为10.0。在【噪波参数】卷展栏下设置【大小】为50.0，并设置【凹凸】为30.0，如图8-149所示。

图8-148

图8-149

05 将调整完成的【拉丝金属】材质赋予场景中的锅模型，如图8-150所示。

图8-150

8.10 渐变颜色玻璃球、发光、沙发

文件路径	第8章\渐变颜色玻璃球、发光、沙发	
难易指数	⭐⭐⭐⭐⭐	
技术掌握	● VRayMtl材质 ● VRayMtl材质 ● 【衰减】程序贴图	扫码深度学习

操作思路

本例通过使用渐变坡度程序贴图制作彩色玻璃球材质。使用VR灯光材质制作出发光材质。利用衰减贴图制作沙发材质。

案例效果

案例效果如图8-151所示。

图8-151

🎙️操作步骤

实例145 渐变彩色玻璃球

01 打开本书配备的"第8章\渐变颜色玻璃球、发光、沙发\10.max"文件，如图8-152所示。

图8-152

02 按M键打开材质编辑器，选择一个空白材质球，单击 Standard 按钮，在弹出的【材质/贴图浏览器】对话框中选择VRayMtl材质，如图8-153所示。

图8-153

03 将材质命名为【彩色玻璃球】，在【漫反射】后面的通道上加载【渐变坡度】程序贴图，设置【瓷砖U】为3。展开【渐变坡度参数】卷展栏，【渐变颜色】从左至右颜色为红色、橘黄色、黄色、绿色、浅蓝色、蓝色、粉色，如图8-154所示。

图8-154

04 设置【反射】颜色为灰色，选中【菲涅耳反射】复选框，如图8-155所示。

图8-155

05 在【折射】选项组下，在【折射】后面的通道上加载【渐变坡度】程序贴图，设置【瓷砖U】为3。展开【渐变坡度参数】卷展栏，【渐变颜色】从左至右颜色为红色、橘黄色、黄色、绿色、浅蓝色、蓝色、粉色，如图8-156所示。

图8-156

06 将制作完毕的彩色玻璃球材质赋给场景中的玻璃球模型，如图8-157所示。

图8-157

07 将剩余的材质制作完成，并赋予相应的物体，如图8-158所示。

图8-158

图8-161

08 最终渲染效果如图8-159所示。

图8-159

图8-162

实例146　VR灯光材质制作发光

01 打开本书配备的"第8章\渐变颜色玻璃球、发光、沙发\11.max"文件，如图8-160所示。

图8-163

图8-160

图8-164

02 按M键打开材质编辑器，选择一个空白材质球，单击 Standard 按钮，在弹出的【材质/贴图浏览器】对话框中选择【VRay 灯光材质】材质，如图8-161所示。

03 将材质命名为【发光】，设置【颜色】为蓝色，设置【颜色强度】为30，如图8-162所示。

04 将制作完毕的发光材质赋给场景中的字母模型，如图8-163所示。

05 将剩余的材质制作完成，并赋予相应的物体，如图8-164所示。

06 最终渲染效果如图8-165所示。

图8-165

实例147　沙发材质

01 打开本书配备的"第8章\渐变颜色玻璃球、发光、沙发\12.max"文件，如图8-166所示。

图8-166

02 按M键打开材质编辑器，选择一个空白材质球，单击 Standard 按钮，在弹出的【材质/贴图浏览器】对话框中选择VRayMtl材质，如图8-167所示。

图8-167

03 将材质命名为【沙发】，在【漫反射】后面的通道上加载【衰减】程序贴图，展开【衰减参数】卷展栏，设置【颜色1】为褐色，【颜色2】为褐色，如图8-168所示。

图8-168

04 展开【贴图】卷展栏，在【凹凸】后面的通道上加载arch25_fabric_Gbump.jpg贴图文件，设置【凹凸数量】为44，如图8-169所示。

05 将制作完毕的沙发材质赋给场景中的沙发模型，如图8-170所示。

06 将剩余的材质制作完成，并赋予相应的物体，如图8-171所示。

图8-169

图8-170

图8-171

07 最终渲染效果如图8-172所示。

图8-172

8.11　金、蜡烛、火焰

文件路径	第8章\金、蜡烛、火焰	
难易指数	★★★★★	
技术掌握	● VRayMtl 材质 ● 【衰减】程序贴图 ● 【多维/子对象】材质 ● 【虫漆】材质 ● 【噪波】程序贴图 ● 标准材质	 扫码深度学习

241

操作思路

本例通过使用VRayMtl材质、【衰减】程序贴图、【多维/子对象】材质、【虫漆】材质、【噪波】程序贴图、标准材质制作金、蜡烛、火焰材质效果。

案例效果

案例效果如图8-173所示。

图8-173

操作步骤

实例148　金材质

01 打开本书配备的"第8章\金、蜡烛、火焰\11.max"文件，如图8-174所示。

图8-174

02 按M键打开材质编辑器，选择一个空白材质球，单击 Standard 按钮，在弹出的【材质/贴图浏览器】对话框中选择VRayMtl材质，如图8-175所示。

图8-175

03 将材质命名为【金】，在【漫反射】选项组下调整【漫反射】颜色为黑色。在【反射】选项组下加载【衰减】程序贴图，展开【衰减参数】卷展栏，分别调整两个颜色为土黄色和黄褐色，设置【衰减类型】为Fresnel。设置【光泽度】为0.95。取消选中【菲涅耳反射】复选框，调整【最大深度】为8。在【折射】选项组下设置【IOR(折射率)】为1.0，如图8-176所示。

图8-176

04 将调整完成的【金】材质赋予场景中的烛台模型，如图8-177所示。

图8-177

实例149　蜡烛材质

01 按M键打开材质编辑器，选择一个空白材质球，单击 Standard 按钮，在弹出的【材质/贴图浏览器】对话框中选择【多维/子对象】材质，选择【丢弃旧材质】选项，如图8-178所示。

图8-178

02 将材质命名为【蜡烛】，单击【设置数量】按钮，设置【材质数量】为2，分别在通道上加载【虫漆】材质和VRayMtl材质，如图8-179所示。

图8-179

03 单击进入ID号为1的通道，加载【虫漆】材质，设置【虫漆颜色混合】为100.0。在【基础材质】通道上加载VRayMtl材质，在【漫反射】选项组下，调整【漫反射】颜色为土黄色。设置反射【光泽度】为0.65、【细分】为16。在【折射】选项组下调整【折射】颜色为褐色，【光泽度】为0.3，【细分】为16，选中【影响阴影】复选框，设置【折射率】为1.0、【烟雾颜色】为黄色。在【半透明】选项组下设置【类型】为【硬（蜡）模型】、【厚度】为1.181mm。展开【反射插值】卷展栏，设置【最小速率】为-3、【最大速率】为0。展开【折射插值】卷展栏，设置【最小速率】为-3、【最大速率】为0。

04 在【虫漆材质】通道上加载VRayMtl材质，在【漫反射】选项组下调整【漫反射】颜色为黑色。单击【高光光泽度】后面的按钮Ｌ，调整反射【光泽度】为0.75、【细分】为16，取消选中【菲涅耳反射】复选框。展开【贴图】卷展栏，在【凹凸】后面的贴图通道上加载【噪波】程序贴图，设置【大小】为0.04、【凹凸】为8.0，如图8-180所示。

图8-180

05 单击进入ID号为2的通道，加载VRayMtl材质，在【漫反射】选项组下调整【漫反射】颜色为黑色，取消选中【菲涅耳反射】复选框，如图8-181所示。

图8-181

06 将调整完成的【蜡烛】材质赋予场景中的蜡烛模型，如图8-182所示。

图8-182

实例150　火焰材质

01 选择一个空白材质球，将材质命名为【火焰】，选中【漫反射颜色】复选框，在其后面的通道加载476679-1-42.jpg贴图文件。选中【自发光】复选框，在其后面的通道加载476679-1-42.jpg贴图文件。选中【不透明度】复选框，在其后面的通道加载476679-2-42.jpg贴图文件，如图8-183所示。

图8-183

02 将调整完成的【火焰】材质赋予场景中的模型，如图8-184所示。

03 最终渲染效果如图8-185所示。

图8-184

图8-185

8.12 水果、面包、布纹、木板

文件路径	第8章\水果、面包、布纹、木板
难易指数	★★★★★
技术掌握	● 【VR-快速SSS2】材质 ● 【颜色校正】贴图 ● VRayMtl材质 ● 【合成】程序贴图

扫码深度学习

操作思路

本例通过使用【VR-快速SSS2】材质、【颜色校正】贴图、VRayMtl材质、【合成】程序贴图制作水果、面包、布纹、木板效果。

案例效果

案例效果如图8-186所示。

图8-186

操作步骤

实例151 水果材质

01 打开本书配备的"第8章\水果、面包、布纹、木板\12.max"文件，如图8-187所示。

图8-187

02 按M键打开材质编辑器，选择一个空白材质球，单击 Standard 按钮，在弹出的【材质/贴图浏览器】对话框中选择【VR-快速SSS2】材质，如图8-188所示。

图8-188

03 将材质命名为【水果】，在【常规参数】卷展栏下调整【折射率】为1.6，在【漫反射和子曲面散布层】卷展栏下，设置【漫反射量】为0.6、【散布半径（厘米）】为2.0。在【选项】卷展栏下选中【散布全局照明（GI）】复选框，如图8-189所示。

图8-189

04 展开【贴图】卷展栏，在【全局颜色】后的通道加载pear_sss_001_genova_scenected.jpg贴图文件，调整【模糊】为0.5。

05 在【漫反射颜色】后的通道加载【颜色校正】贴图，在【贴图】后的通道加载pear_dif_001_genova_scenected0.jpg贴图文件，选中【使用真实世界比例】复选框，设置【偏移】的【高度】为10.0mm，【大小】的【宽度】和【高度】均为10.0mm，【模糊】为0.5，并调整【饱和度】为-60。

06 在【高光颜色】后的通道加载pear_spec_001_genova_scenected.jpg贴图文件。在【sss颜色】后的通道加载pear_sss_001_genova_scenected.jpg贴图文件，调整【模糊】为0.5。

07 在【散布颜色】后的通道加载【颜色校正】贴图，在【贴图】后的通道加载pear_sss_001_genova_scenected.jpg贴图文件，设置【模糊】为0.5，并调整【饱和度】为-67.442，如图8-190所示。

图8-190

08 将调整完成的【水果】材质赋予场景中的模型，如图8-191所示。

图8-191

实例152 面包材质

01 选择一个空白材质球，单击 Standard 按钮，在弹出的【材质/贴图浏览器】对话框中选择【VR-快速SSS2】材质，如图8-192所示。

图8-192

02 将材质命名为【面包】，在【常规参数】卷展栏下设置【比例】为3.0。在【漫反射和子曲面散布层】卷展栏下设置【漫反射量】为0.22、【散布半径（厘米）】为2.0、【相位函数】为-0.32。在【高光反射层】卷展栏下，设置【高光光泽度】为0.28，如图8-193所示。

图8-193

03 展开【贴图】卷展栏，在【凹凸】后的通道加载【VR-法线贴图】程序贴图，在【法线贴图】后的通道上加载breadbody_normal_001_genova_scenected.jpg贴图文件。

04 在【全局颜色】后的通道加载breadbody_sss_001_genova_scenected.jpg贴图文件，设置【模糊】为0.4。在【漫反射颜色】后的通道加载breadbody_dif_001_genova_scenected.jpg贴图文件，设置【模糊】为0.01。

05 在【高光颜色】后的通道加载【颜色校正】贴图，在【贴图】后的通道加载breadbody_dif_001_genova_scenected.jpg贴图文件，设置【模糊】为0.01，调整【饱和度】为-100.0，设置【高光颜色倍增】为53.0。

06 将【高光颜色】后面的贴图拖曳到【高光光泽度】贴图通道上，设置方式为【复制】，并设置【高光光泽度倍增】为20.0。分别在【sss颜色】和【散布颜色】后的通道加载breadbody_sss_001_genova_scenected.jpg贴图文件，设置【模糊】为0.4，如图8-194所示。

图8-194

07 将调整完成的【面包】材质赋予场景中的模型，如图8-195所示。

图8-195

实例153 布纹材质

01 选择一个空白材质球，单击 Standard 按钮，在弹出的【材质/贴图浏览器】对话框中选择VRayMtl材质，如图8-196所示。

02 将材质命名为【布纹】，在【漫反射】选项组下加载【合成】程序贴图，单击左边的■按钮，在贴图后的通道加载fabric_dif_001_genova_scenected.jpg贴图文件，选中【使用真实世界比例】复选框，设置【偏移】的【宽度】为-3.333mm、【高度】为6.667mm，【大小】的【宽度】和【高度】均为3.333mm。将【合成层】卷展栏中的选项改为【添加】。继续返回到【选项】卷展栏，设置【中止】为0.005，如图8-197所示。

图8-196

图8-197

03 将调整完成的【布纹】材质赋予场景中的模型，如图8-198所示。

图8-198

实例154 木板材质

01 选择一个空白材质球，单击 Standard 按钮，在弹出的【材质/贴图浏览器】对话框中选择VRayMtl材质，如图8-199所示。

02 将材质命名为【木板】，在【漫反射】选项组下加载【合成】程序贴图，单击左边的■按钮，在贴图后的通道加载woodboard3_dif_001_genova_scenected.jpg贴图文件,将选项改为【添加】。在【反射】选项组下加载【VRay 颜色】程序贴图,调整【红】、【绿】、【蓝】均为1.0,调整【颜色】为白色。设置【光泽度】为0.9。单击【菲涅耳反射】后的L按钮,如图8-200所示。

图8-199

图8-200

03 展开【贴图】卷展栏,设置【反射】为70.0,分别在【高光光泽】和【反射光泽】后的通道加载woodboard2_bump_001_genova_scenected.jpg贴图文件,并设置【光泽度】为30.0。在【凹凸】后面的通道加载woodboard2_bump_001_genova_scenected.jpg贴图文件,设置【模糊】为0.5,并设置【凹凸】为12.0,如图8-201所示。

图8-201

04 将调整完成的【木板】材质赋予场景中的模型,如图8-202所示。

05 最终渲染效果如图8-203所示。

图8-202   图8-203

第9章

摄影机和环境

本章概述

　　3ds Max中的摄影机功能很多，主要用于固定视角，以便在进行渲染时可以快速切换摄影机视角。3ds Max中的摄影机还可以制作景深效果、运动模糊效果，以及调整渲染亮度等。

本章重点

- 摄影机的创建
- 多种摄影机类型的使用
- 使用摄影机制作不同特效

实例155　创建摄影机角度

文件路径	第9章\创建摄影机角度
难易指数	⭐⭐⭐⭐
技术掌握	目标摄影机

🔍扫码深度学习

💡操作思路

本例通过在场景中创建【目标摄影机】固定摄影机角度。

🖱案例效果

案例效果如图9-1所示。

图9-1

🎤操作步骤

01 打开本书配备的"第9章\创建摄影机角度\01.max"文件，如图9-2所示。

图9-2

02 单击【创建】➕|【摄影机】📹 标准 ▼ 目标 按钮，如图9-3所示。

图9-3

03 在【顶】视图中拖曳创建目标摄影机，其具体位置如图9-4所示。

图9-4

04 选择创建的目标摄影机，在【修改】面板下展开【参数】卷展栏的最下方，设置【目标距离】为3583.309mm。展开【景深参数】卷展栏，在【采样】选项组下设置【采样半径】为25.4mm，如图9-5所示。

图9-5

05 最终渲染效果如图9-6所示。

图9-6

实例156　景深模糊效果

文件路径	第9章\景深模糊效果
难易指数	⭐⭐⭐⭐
技术掌握	● 物理摄影机 ● 渲染设置

🔍扫码深度学习

💡 操作思路

本例通过在场景中创建【物理摄影机】，并设置渲染参数，使其产生景深模糊效果。

🖱 案例效果

案例效果如图9-7所示。

图9-7

🖐 操作步骤

01 打开本书配备的"第9章\景深模糊效果\02.max"文件，如图9-8所示。

图9-8

02 单击【创建】➕|【摄影机】■ 标准 ▼ 物理 按钮，如图9-9所示。

图9-9

03 在【顶】视图中拖曳创建物理摄影机，需特别注意摄影机的目标点应该在植物上，其具体位置如图9-10所示。

04 选择创建的物理摄影机，在【修改】面板下展开【基本】卷展栏，设置【目标距离】为696.28mm。在【物理摄影机】卷展栏下选中【指定视野】复选框，设置数值为61.928度，如图9-11所示。

图9-10

图9-11

05 单击工具栏中的 ▤ 按钮，弹出【渲染设置】面板，选择V-Ray选项卡，展开【摄影机】卷展栏，选中【景深】、【从摄影机获得焦点距离】复选框，设置【光圈】为20.0mm，如图9-12所示。

图9-12

06 最终渲染效果如图9-13所示。

图9-13

实例157 镜头变形

文件路径	第9章\镜头变形
难易指数	★★★★★
技术掌握	VR-物理摄影机

扫码深度学习

操作思路

本例通过在场景中创建VR物理摄影机，并设置参数，使其产生镜头变形效果。

案例效果

案例效果如图9-14所示。

图9-14

操作步骤

01 打开本书配备的"第9章\镜头变形\03.max"文件，如图9-15所示。

图9-15

02 单击【创建】➕|【摄影机】 🎥 VRay ▾ VR-物理摄影机 按钮，如图9-16所示。

图9-16

03 在【顶】视图中拖曳创建VR物理摄影机，其具体位置如图9-17所示。

图9-17

04 选择创建的VR-物理摄影机，在【修改】面板下展开【传感器和镜头】卷展栏，设置【胶片规格（毫米）】为35.0、【焦距（毫米）】为55.0。展开【光圈】卷展栏，设置【胶片速度（ISO）】为200.0、【光圈数】为4.0、【快门速度】为20.0。展开【颜色和曝光】卷展栏，取消选中【光晕】复选框，选择【白平衡】为【自定义】。展开【倾斜和移动】卷展栏，设置【垂直倾斜】为–0.039。设置【失真】卷展栏下的【数量】为0.0。设置【剪切与环境】卷展栏下的【远端环境范围】为25400.0mm，如图9-18所示。

图9-18

05 当失真数量为0时，其渲染的效果如图9-19所示。

图9-19

06 选择创建的VR物理摄影机，在【修改】面板中的【失真】卷展栏下设置【数量】为9.6，如图9-20所示。

图9-20

07 当失真数量为9.6时，其渲染效果如图9-21所示。

图9-21

实例158	设置环境背景
文件路径	第9章\设置环境背景
难易指数	★★★★★
技术掌握	【环境和效果】对话框

扫码深度学习

💡 操作思路

本例通过在【环境和效果】对话框中添加贴图，并设置贴图亮度，制作环境背景。

🖱 案例效果

案例效果如图9-22所示。

图9-22

🎤 操作步骤

01 打开本书配备的"第9章\设置环境背景\04.max"文件，如图9-23所示。

图9-23

02 按8键，打开【环境和效果】对话框，然后单击【环境贴图】的通道，并添加位图G17b.jpg，如图9-24所示。

图9-24

03 按住【环境贴图】的通道并拖动到材质编辑器的材质球上，释放鼠标左键，并在【实例（副本）贴图】对话框选中【实例】单选按钮，如图9-25所示。

图9-25

04 设置【输出】卷展栏中的【输出量】为2.0，如图9-26所示。

图9-26

05 最终渲染效果如图9-27所示。

图9-27

实例159　摄影机控制场景光晕

文件路径	第9章\摄影机控制场景光晕
难易指数	★★★★★
技术掌握	VR-物理摄影机

🔍扫码深度学习

📖操作思路

本例通过在场景中创建VR-物理摄影机，并设置参数，使其产生光晕效果。

🖱案例效果

案例效果如图9-28所示。

图9-28

🎙操作步骤

01 打开本书配备的"第9章\摄影机控制场景光晕\05.max"文件，如图9-29所示。

图9-29

02 单击【创建】➕|【摄影机】◼️ VRay▼ VR-物理摄影机 按钮，如图9-30所示。

图9-30

03 在【顶】视图中拖曳创建VR-物理摄影机，其具体位置如图9-31所示。

图9-31

04 选择创建的VR-物理摄影机，在【修改】面板下展开【传感器和镜头】卷展栏，设置【胶片规格（毫米）】为35.0、【焦距（毫米）】为55.0。展开【光圈】卷展栏，设置【胶片速度】为200.0、【光圈数】为5.0、【快门速度】为20.0。展开【颜色和曝光】卷展栏，取消选中【光晕】复选框，设置【白平衡】为【自定义】。展开【倾斜和移动】卷展栏，设置垂直【倾斜】为-0.039。在【剪切与环境】卷展栏下设置【远端环境范围】为25400.0，如图9-32所示。

图9-32

05 当关闭光晕时，其渲染的效果如图9-33所示。

图9-33

06 选择上一步创建的VR物理摄影机，选中【光晕】后的复选框，并设置数值为4.0，如图9-34所示。

图9-34

07 当光晕为4时，其渲染效果如图9-35所示。

图9-35

实例160	摄影机控制场景亮度
文件路径	第9章\摄影机控制场景亮度
难易指数	★★★★★
技术掌握	VR-物理摄影机

扫码深度学习

💡 操作思路

本例通过在场景中创建VR物理摄影机，并设置参数，使其产生亮度效果。

🖱 案例效果

案例效果如图9-36所示。

图9-36

🎙 操作步骤

01 打开本书配备的"第9章\摄影机控制场景亮度\06. max"文件，如图9-37所示。

图9-37

02 单击【创建】➕|【摄影机】📷 VRay ▼ VR-物理摄影机 按钮，如图9-38所示。

图9-38

03 在【顶】视图中拖曳创建VR物理摄影机，其具体位置如图9-39所示。

图9-39

04 选择创建的VR物理摄影机，在【修改】面板下展开【传感器和镜头】卷展栏，设置【胶片规格（毫米）】为35.0、【焦距（毫米）】为55.0，展开【光圈】

卷展栏，设置【胶片速度】为200.0、【光圈数】为5.0、【快门速度】为20.0。展开【颜色和曝光】卷展栏，取消选中【光晕】复选框，设置【白平衡】为【自定义】。展开【倾斜和移动】卷展栏，设置垂直【倾斜】为−0.039。在【剪切与环境】卷展栏下设置【远端环境范围】为25400.0，如图9-40所示。

图9-40

05 当光圈数为5时，其渲染效果如图9-41所示。

图9-41

06 选择上一步创建的VR物理摄影机，设置【光圈数】为7.0，如图9-42所示。

图9-42

07 当光圈数为7时，其渲染效果如图9-43所示。

图9-43

实例161　校正摄影机角度

文件路径	第9章 \ 校正摄影机角度
难易指数	★★★★★
技术掌握	目标摄影机

🔍扫码深度学习

💡操作思路

本例通过在场景中创建目标摄影机，并应用【应用摄影机校正修改器】校正角度。

🖱案例效果

案例效果如图9-44所示。

图9-44

🎤操作步骤

01 打开本书配备的"第9章\ 校正摄影机角度\07.max"文件，如图9-45所示。

图9-45

02 单击【创建】┼|【摄影机】▣标准 ▾ 目标 按钮，如图9-46所示。

图9-46

03 在【顶】视图中拖曳创建目标摄影机，其具体位置如图9-47所示。

图9-47

04 可以看到此时的摄影机角度是倾斜的，如图9-48所示。

图9-48

05 未校正摄影机角度时，其渲染效果如图9-49所示。

图9-49

06 选择创建的目标摄影机，然后单击右键，并在弹出的快捷菜单中执行【应用摄影机校正修改器】命令，如图9-50所示。

07 此时的摄影机角度变得非常笔直，如图9-51所示。

08 校正摄影机角度，其渲染效果如图9-52所示。

图9-50

图9-51

图9-52

实例162 运动模糊

文件路径	第9章\运动模糊
难易指数	★★★★★
技术掌握	● 物理摄影机 ● 渲染设置

扫码深度学习

💡 操作思路

本例通过在场景中创建物理摄影机，并修改渲染设置参数来制作运动模糊效果。需要注意的是，若要制作运动模糊效果，需提前设置好运动的动画。

案例效果

案例效果如图9-53所示。

图9-53

操作步骤

01 打开本书配备的"第9章\运动模糊\08.max"文件，如图9-54所示。

图9-54

02 单击【创建】➕|【摄影机】■ 标准 ▼ 物理 按钮，如图9-55所示。

图9-55

03 在【顶】视图中拖曳创建物理摄影机，其具体位置如图9-56所示。

04 选择创建的物理摄影机，在【修改】面板下展开【基本】卷展栏，修改【目标距离】为4340.139。在【物理摄影机】卷展栏下选中【指定视野】复选框，修改数值为48.714度，如图9-57所示。

05 单击工具栏中的▥按钮，弹出【渲染设置】面板，选择V-Ray选项卡，展开【摄影机】卷展栏，选中【运动模糊】、【摄影机运动模糊】复选框，设置【持续时间（帧数）】为2.0，如图9-58所示。

图9-56

图9-57   图9-58

06 最终渲染效果如图9-59所示。

图9-59

第 **9** 章　摄影机和环境

257

第10章

Photoshop后期处理

本章概述

    3ds Max是一款三维软件，在进行模型建立、灯光创建、材质设置、渲染等过程后，最终会得出视频或图像，而在进行室内外效果图制作时，最终则以图像形式呈现。虽然3ds Max的功能非常强大，但是其在后期处理方面是相对较弱的，因此在渲染完成后，需要将图形导入到Photoshop等后期处理软件中，进行图形的修饰、修缮、调色、合成、特效等一系列操作，使得作品更具光彩、更有吸引力、气质更佳。

本章重点

- Photoshop的调色技巧
- Photoshop的合成技巧

实例163　打造偏冷色调的作品

文件路径	第10章\打造偏冷色调的作品
难易指数	★★★★★
技术掌握	● 照片滤镜 ● 曲线

扫码深度学习

操作思路

　　本案例主要通过使用照片滤镜以及曲线对画面颜色进行调整。

案例效果

　　案例效果如图10-1所示。

图10-1

操作步骤

01 执行【文件】|【打开】命令，打开素材"1.jpg"，如图10-2所示。

图10-2

02 调整图片色调。执行【图层】|【新建调整图层】|【照片滤镜】命令，在弹出的【新建图层】对话框中单击【确定】按钮，得到调整图层。接着在【属性】面板中设置【滤镜】为【冷却滤镜】、【颜色】为蓝色、【浓度】为19%，选中【保留明度】复选框，如图10-3所示。此时画面效果如图10-4所示。

图10-3

图10-4

03 此时画面偏暗，接下来增强画面亮度。执行【图层】|【新建调整图层】|【曲线】命令，在弹出的【新建图层】对话框中单击【确定】按钮，得到调整图层。接着在【属性】面板中的曲线上单击创建一个控制点，然后按住鼠标左键并向左上拖动控制点，使画面变亮，如图10-5所示。最终画面效果如图10-6所示。

图10-5　　　　　　　　图10-6

实例164　点亮射灯

文件路径	第10章\点亮射灯
难易指数	★★★★★
技术掌握	● 色相/饱和度 ● 画笔

扫码深度学习

💡操作思路

本案例主要通过色相/饱和度、画笔等功能将画面中的射灯变为点亮的效果。

🖐案例效果

案例效果如图10-7所示。

图10-7

🎙操作步骤

01 执行【文件】|【打开】命令，打开素材"1.jpg"，如图10-8所示。

图10-8

02 制作射灯的点亮效果。执行【图层】|【新建调整图层】|【色相/饱和度】命令，在弹出的【新建图层】对话框中单击【确定】按钮，得到调整图层。接着在【属性】面板中设置【通道】为【全图】、【明度】为+100，如图10-9所示。此时画面变为白色，如图10-10所示。

图10-9　　　　　　　　图10-10

03 在【图层】面板中单击【色相/饱和度】调整图层的【图层蒙版】，设置前景色为黑色，使用填充前景色快捷键Alt+Delete进行快速填充，隐藏调色效果。接着设

置前景色为白色，单击工具箱中画笔工具，在画笔预设选取器中选择一种硬边圆画笔，设置【大小】为10像素，如图10-11所示。然后在该调整图层蒙版中使用画笔涂抹射灯区域，使射灯受到该调整图层影响。此时画面中的射灯变亮，效果如图10-12所示。

图10-11

图10-12

04 接下来制作射灯的光影效果。新建图层，设置前景色为白色，单击工具箱中画笔工具，在画笔预设选取器中选择一种柔边圆画笔，设置【大小】为40像素，在射灯上方单击鼠标左键，呈现光晕效果，如图10-13所示。接下来调整光晕形状，在【图层】面板中选中该图层，接着使用自由变换快捷键Ctrl+T调出定界框，将鼠标放在定界框上方控制点处，按住鼠标左键并向下拖动，如图10-14所示。调整完成后按Enter键完成操作。

图10-13

图10-14

05 在【图层】面板中选中光影图层，使用复制图层快捷键Ctrl+J复制出一个相同的图层。然后按住鼠标左键将其拖动到右侧射灯上方，如图10-15所示。此时右侧射灯的光影偏大，继续使用自由变换快捷键Ctrl+T调出定界框，按住鼠标左键并拖动，将其缩放到合适大小，此时右侧射灯效果更加自然，如图10-16所示。

图10-15

图10-16

06 用同样的方法继续复制光影图层并移动到其他射灯上方，调整合适的大小，如图10-17所示。画面最终效果如图10-18所示。

图10-17

图10-18

实例165	更换墙面的装饰画
文件路径	第10章 \ 更换墙面的装饰画
难易指数	★★★★★
技术掌握	● 图层蒙版 ● 曲线 ● 照片滤镜

🔍 扫码深度学习

💡 操作思路

　　本案例主要使用图层蒙版、曲线、照片滤镜等功能为墙面添加装饰画。

🖱 案例效果

　　案例效果如图10-19所示。

图10-19

图10-19（续）

🎤 操作步骤

01 执行【文件】|【打开】命令，打开素材"1.jpg"，如图10-20所示。

图10-20

02 执行【文件】|【置入】命令，在弹出的对话框中选择"2.jpg"，单击【置入】按钮。接着将置入的素材摆放在画面中装饰画上方，将光标放在素材一角，按住Shift键的同时按住鼠标左键拖动，等比例缩放该素材，如图10-21所示。调整完成后，按Enter键完成置入。在【图层】面板中右键单击该图层，在弹出的快捷菜单中执行【栅格化图层】命令，如图10-22所示。

图10-21

图10-22

03 制作装饰画的透视效果。单击工具箱中的钢笔工具,在选项栏中设置【绘制模式】为【路径】,在画面中绘制倾斜的路径,如图10-23所示。路径绘制完成后,按Ctrl+Enter快捷键,快速将路径转换为选区,如图10-24所示。

图10-23

图10-24

04 接着在【图层】面板中选中素材"2"图层,在保持当前选区的状态下单击【图层】面板底部的【添加图层蒙版】按钮,以当前选区为该图层添加图层蒙版。此时选区以内的部分为显示状态,选区以外的部分被隐藏,如

图10-25所示。画面效果如图10-26所示。

图10-25

图10-26

05 在装饰画上方制作局部光束。执行【图层】|【新建调整图层】|【曲线】命令,在弹出的【新建图层】对话框中单击【确定】按钮,得到调整图层。接着在【属性】面板中的曲线上单击创建一个控制点,然后按住鼠标左键并向左上拖动控制点,使画面变亮。单击【属性】面板下方的【创建剪贴蒙版】按钮,如图10-27所示。此时装饰画整体变亮,效果如图10-28所示。

图10-27

图10-28

06 在【图层】面板中单击该调整图层的图层蒙版,设置前景色为黑色,使用填充前景色快捷键Alt+Delete进行快速填充,隐藏调色效果。单击工具箱中的钢笔工具,在选项栏中设置【绘制模式】为【路径】,然后在装饰画上方沿光束方向绘制路径,如图10-29所示。路径绘制完成后,在其上方单击鼠标右键,在快捷菜单中执行【建立选区】命令,如图10-30所示。

图10-29

图10-30

07 在弹出的【建立选区】对话框中设置【羽化半径】为 3像素，设置完成后单击【确定】按钮，如图10-31 所示。此时选区较为柔和，效果如图10-32所示。

图10-31

图10-32

08 将前景色设置为白色，选择调整图层的蒙版，使用前 景色填充快捷键Alt+Delete进行填充，使这部分显示 出调色效果。调整完成后，按快捷键Ctrl+D取消选区，此 时画面效果如图10-33所示。

图10-33

09 接下来调整装饰画颜色。执行【图层】|【新建调 整图层】|【照片滤镜】命令，在弹出的【新建图 层】对话框中单击【确定】按钮，得到调整图层。在【属 性】面板中设置【滤镜】为【加温滤镜】、【颜色】为豆 沙色、【浓度】为50%。单击【属性】面板底部的【创 建剪贴蒙版】按钮，如图10-34所示。此时画面效果如 图10-35所示。

图10-34

图10-35

10 执行【文件】|【置入】命令，置入素材"3.jpg"，摆 放在左侧相框上方，按Enter键完成置入，并将其栅格 化，如图10-36所示。利用与右侧装饰画同样的方法制作 图片透视感效果，如图10-37所示。

图10-36

图10-37

11 选中【照片滤镜】调整图层，使用复制图层快捷键Ctrl+J复制出一个相同的图层，然后按住鼠标左键将复制的图层拖动到【图层】面板最上方，如图10-38所示。在【图层】面板中右键单击该调整图层，在弹出的快捷菜单中执行【创建剪贴蒙版】命令，如图10-39所示。此时效果如图10-40所示。

图10-38

图10-39

图10-40

12 画面最终效果如图10-41所示。

图10-41

实例166　还原夜景效果图的暗部细节

文件路径	第10章\还原夜景效果图的暗部细节
难易指数	★★★★★
技术掌握	阴影/高光

扫码深度学习

操作思路

本案例主要使用【阴影/高光】命令使画面偏暗的区域变亮一些。

案例效果

案例效果如图10-42所示。

图10-42

操作步骤

01 执行【文件】|【打开】命令，打开素材"1.jpg"，如图10-43所示。

图10-43

02 还原暗部细节。执行【图像】|【调整】|【阴影/高光】命令，在弹出的【阴影/高光】对话框中设置【阴影】的【数量】为45%，设置完成后单击【确定】按钮，如图10-44所示。此时画面效果如图10-45所示。

图10-44

图10-45

03 增强画面饱和度。执行【图层】|【新建调整图层】|【自然饱和度】命令，在弹出的【新建图层】对话框中单击【确定】按钮，得到调整图层。接着在【属性】面板中设置【自然饱和度】为+100，如图10-46所示。此时夜景色调更为浓郁，画面最终效果如图10-47所示。

图10-46　　　　　　　　图10-47

实例167　快速制作不同颜色的效果图

文件路径	第10章\快速制作不同颜色的效果图
难易指数	★★★★★
技术掌握	色相/饱和度

扫码深度学习

💡操作思路

本案例主要使用【色相/饱和度】调整图层命令，对画面局部颜色进行调整，制作出不同主题颜色的设计方案。

🖱案例效果

案例效果如图10-48所示。

图10-48

🎤操作步骤

01 执行【文件】|【打开】命令，打开素材"1.jpg"，如图10-49所示。

图10-49

02 首先制作绿色效果图。执行【图层】|【新建调整图层】|【色相/饱和度】命令，在弹出的【新建图层】

对话框中单击【确定】按钮，得到调整图层。接着在【属性】面板中设置【通道】为【黄色】、【色相】为+40、【饱和度】为20，如图10-50所示。此时画面效果如图10-51所示。

图10-50　　　　　　　　图10-51

03 接着在【图层】面板中单击【色相/饱和度】调整图层的图层蒙版，设置前景色为黑色，然后单击工具箱中画笔工具，在画笔预设选取器中选择一种柔边圆画笔，设置画笔【大小】为200像素，然后在该调整图层蒙版中使用画笔涂抹墙壁、地面等区域，使墙壁和地面区域不受该调整图层影响，如图10-52所示。蒙版效果如图10-53所示。此时画面效果如图10-54所示。

图10-52

图10-53　　　　　　　　图10-54

04 接下来制作橘色效果图。首先隐藏绿色效果图调整图层，然后执行【图层】|【新建调整图层】|【色相/饱和度】命令，在弹出的【新建图层】对话框中单击【确定】按钮，得到调整图层。接着在【属性】面板中设置【通道】为【全图】、【色相】为-21、【饱和度】为

+18，如图10-55所示。画面效果如图10-56所示。

图10-55

图10-56

05 复制绿色效果图的图层蒙版，按住Alt键的同时按住鼠标左键，将绿色效果图的图层蒙版拖动到橘色调整图层的图层蒙版上方，如图10-57所示。释放鼠标左键后，蒙版将被复制到橘色调整图层中，效果如图10-58所示。此时画面效果如图10-59所示。

图10-57

图10-58

图10-59

实例168　添加灯带

文件路径	第10章\添加灯带	
难易指数	★★★★★	
技术掌握	● 渐变 ● 高斯模糊	扫码深度学习

操作思路

本案例主要使用渐变工具配合自由变换和高斯模糊滤镜制作半透明的白色灯带效果。

案例效果

案例效果如图10-60所示。

图10-60

操作步骤

01 执行【文件】|【打开】命令，打开素材"1.jpg"，如图10-61所示。

图10-61

02 制作左侧灯带效果。新建图层，单击工具箱中的矩形选框工具，在画面中绘制一个细长的矩形选区，如图10-62所示。接着单击工具箱中的渐变工具，在选项栏中打开【渐变编辑器】，编辑白色到透明的渐变效果，接着单击【渐变编辑器】中的【确定】按钮，如图10-63所示。单击选项栏中的【线性渐变】按钮，然后在选区中按住鼠标左键从右向左进行拖动，填充渐变。释放鼠标后渐变效果如图10-64所示。

图10-62

图10-63

图10-67

图10-68

04 制作灯带的发光效果。在【图层】面板中选中灯带图层，使用复制图层快捷键Ctrl+J复制出一个相同的图层。执行【滤镜】|【模糊】|【高斯模糊】命令，在弹出的【高斯模糊】对话框中设置【半径】为8.0像素，单击【确定】按钮，如图10-67所示。此时效果如图10-68所示。

图10-64

05 使用同样的方法，制作右侧发光灯带，如图10-69所示。画面最终效果如图10-70所示。

图10-69

03 在【图层】面板中选中该图层，按自由变换快捷键Ctrl+T。此时对象进入自由变换状态，将光标定位到定界框以外，当光标变为带有弧度的双箭头时，按住鼠标左键并拖动，进行旋转并适当调整位置，如图10-65所示。然后在对象上单击鼠标右键，在快捷菜单中执行【扭曲】命令。将光标定位到定界框下方的控制点上，调整定界框的形态，如图10-66所示。调整完成后按Enter键完成操作。

图10-70

实例169　调整偏暗的客厅效果图

文件路径	第10章\调整偏暗的客厅效果图	
难易指数	★★★★★	
技术掌握	亮度/对比度	扫码深度学习

操作思路

　　本案例主要使用【亮度/对比度】命令将偏暗的画面调整为正常的亮度。

图10-65

图10-66

案例效果

案例效果如图10-71所示。

图10-71

操作步骤

01 执行【文件】|【打开】命令，打开素材"1.jpg"，如图10-72所示。接下来提升画面整体亮度。执行【图层】|【新建调整图层】|【亮度/对比度】命令，在弹出的【新建图层】对话框中单击【确定】按钮，得到调整图层。接着在【属性】面板中设置【亮度】为86、【对比度】为55，如图10-73所示。

图10-72

图10-73

02 此时画面效果如图10-74所示。接下来在【图层】面板中单击该调整图层的图层蒙版，设置前景色为灰色，单击工具箱中的画笔工具，在画笔预设选取器中选择一种柔边圆画笔，如图10-75所示。

图10-74

图10-75

03 在画面中使用画笔涂抹画面右侧的绿植区域，使该区域不受该调整图层影响，如图10-76所示。最终效果如图10-77所示。

图10-76　　　　　图10-77

实例170　夜景变白天

文件路径	第10章\夜景变白天
难易指数	★★★★★
技术掌握	● 钢笔工具 ● 曲线

扫码深度学习

操作思路

本案例主要使用钢笔工具对窗外部分进行抠图和去除，并使用【曲线】命令对室内环境进行提亮。

案例效果

案例效果如图10-78所示。

图10-78

🎤操作步骤

01 执行【文件】|【打开】命令，打开素材"1.jpg"，如图10-79所示。

图10-79

02 接下来置入风景素材，更改窗外景色。执行【文件】|【置入】命令，在弹出的对话框中选择"2.jpg"，单击【置入】按钮。接着将置入的素材摆放在画面中合适位置，将光标放在素材一角处，按住Shift键的同时按住鼠标左键拖动，等比例缩放该素材，如图10-80所示。调整完成后按Enter键完成置入。在【图层】面板中右键单击该图层，在弹出的快捷菜单中执行【栅格化图层】命令，如图10-81所示。

图10-80

图10-81

03 在【图层】面板中选中背景图层，使用复制图层快捷键Ctrl+J

复制出一个相同的图层。接着将光标定位在该图层上，按住鼠标左键并拖动至素材"2.jpg"图层上方，如图10-82所示。此时画面效果如图10-83所示。

图10-82

图10-83

04 在【图层】面板中选中背景复制图层，单击工具箱中的钢笔工具，在选项栏中设置【绘制模式】为【路径】，接着沿窗户的外轮廓绘制路径，如图10-84所示。路径绘制完成后，按快捷键Ctrl+Enter，快速将路径转换为选区。然后按Delete键删除选区中的部分，如图10-85所示。操作完成后按快捷键Ctrl+D取消当前选区，以便进行接下来的操作。

图10-84

图10-85

05 使用同样的方法，将其他位置的窗户进行抠除。效果如图10-86~图10-88所示。

图10-86

图10-87

图10-88

06 增强画面整体的对比度。执行【图层】|【新建调整图层】|【曲线】命令，在弹出的【新建图层】对话框中单击【确定】按钮，得到调整图层。在【属性】面板中单击曲线，添加多个控制点并调整曲线形态，提高画面对比度，如图10-89所示。此时画面效果如图10-90所示。

图10-89

图10-90

07 在【图层】面板中选中该调整图层，并将光标定位在该图层上，单击鼠标右键，选择【创建剪贴蒙版】命令，如图10-91所示。此时画面效果如图10-92所示。

图10-91

图10-92

08 在【图层】面板中单击该调整图层的图层蒙版，设置前景色为黑色，单击工具箱中的画笔工具，在画笔预设选取器中选择一种柔边圆画笔，并在选项栏中设置一定的画笔【不透明度】。设置完成后，在画面中合适位置进行涂抹，使其不受该调整图层影响。蒙版涂抹效果如图10-93所示。此时画面效果如图10-94所示。

图10-93

图10-94

09 接下来提升画面整体的亮度。再次执行【图层】|【新建调整图层】|【曲线】命令，在弹出的【新建图层】对话框中单击【确定】按钮，得到调整图层。在【属性】面板中单击曲线，创建一个控制点，然后按住鼠标左键并向左上拖动控制点，使画面变亮，如图10-95所示。此时画面效果如图10-96所示。

图10-95

图10-96

10 在【图层】面板中单击该调整图层的图层蒙版，设置前景色为黑色，单击工具箱中的画笔工具，在画笔预设选取器中选择一种柔边圆画笔，并在选项栏中设置【不透明度】为20%。设置完成后，在画面中合适位置进行涂抹，使其不受该调整图层影响。蒙版涂抹效果如图10-97所示。最终效果如图10-98所示。

图10-97

图10-98

实例171 在场景中添加植物元素

文件路径	第 10 章 \ 在场景中添加植物元素
难易指数	⭐⭐⭐⭐⭐
技术掌握	混合模式

🔍扫码深度学习

💡 操作思路

本案例主要使用了【混合模式】将带有白色背景的植物融入当前画面中。

🖱 案例效果

案例效果如图10-99所示。

图10-99

🎤 操作步骤

01 执行【文件】|【打开】命令，打开素材"1.jpg"，如图10-100所示。

02 执行【文件】|【置入】命令，在弹出的对话框中选择"2.jpg"，单击【置入】按钮。接着将置入的素材摆放在画面右侧位置，将光标放在素材一角处，按住Shift键的同时按住鼠标左键拖动，等比例缩放该素材，如图10-101所示。调整完成后按Enter键完成置入。在【图层】面板中右键单击该图层，在弹出的快捷菜单中执行【栅格化图层】命令，如图10-102所示。

03 在【图层】面板中选中该图层，设置【混合模式】为【正片叠底】，如图10-103所示。最终效果如图10-104所示。

图10-100　　　　　图10-101

图10-102

图10-103　　　　　图10-104

实例172 增强建筑效果图颜色感

文件路径	第 10 章 \ 增强建筑效果图颜色感
难易指数	⭐⭐⭐⭐⭐
技术掌握	● 曲线 ● 自然饱和度

🔍扫码深度学习

💡 操作思路

本案例主要使用【曲线】、【自然饱和度】命令增强画面的颜色感，使外景的建筑效果图更加吸引人。

🖱 案例效果

案例效果如图10-105所示。

图10-105

操作步骤

01 执行【文件】|【打开】命令，打开素材"1.jpg"，如图10-106所示。

图10-106

02 调整天空部分亮度。执行【图层】|【新建调整图层】|【曲线】命令，在弹出的【新建图层】对话框中单击【确定】按钮，得到调整图层。接着在【属性】面板中单击曲线，创建多个控制点，然后按住鼠标左键并向右下拖动控制点，使画面变暗，如图10-107所示。此时画面效果如图10-108所示。

图10-107　　　　　　图10-108

03 在【图层】面板中单击该调整图层的图层蒙版，设置前景色为黑色，单击工具箱中画笔工具，在画笔预设选取器中选择一种柔边圆画笔，并在选项栏中设置一定的画笔【不透明度】。设置完成后，在画面中下半部分进行涂抹，使该区域不受该调整图层影响，如图10-109所示。此时画面效果如图10-110所示。

04 接下来增强画面饱和度。执行【图层】|【新建调整图层】|【自然饱和度】命令，在弹出的【新建图层】对话框中单击【确定】按钮，得到调整图层。接着在

【属性】面板中设置【自然饱和度】为+100、【饱和度】为+100，如图10-111所示。此时画面效果如图10-112所示。

图10-109

图10-110

图10-111

图10-112

05 在【图层】面板中单击【自然饱和度】调整图层的图层蒙版，设置前景色为黑色，单击工具箱中的画笔工具，在画笔预设选取器中选择一种柔边圆画笔，在画面下半部分进行涂抹，使该区域不受该调整图层影响，如图10-113所示。最终效果如图10-114所示。

272

图10-113　　　　　　　　图10-114

实例173　增强效果图视觉感

文件路径	第10章\增强效果图视觉感	
难易指数	★★★★★	
技术掌握	● 曲线 ● 智能锐化 ● 自然饱和度	扫码深度学习

操作思路

本案例主要使用【曲线】、【智能锐化】【自然饱和度】命令使图像细节更明显，颜色感更突出。

案例效果

案例效果如图10-115所示。

图10-115

操作步骤

01 执行【文件】|【打开】命令，打开素材"1.jpg"，如图10-116所示。

图10-116

02 增强画面对比度。执行【图层】|【新建调整图层】|【曲线】命令，在弹出的【新建图层】对话框中单击【确定】按钮，得到调整图层。接着在【属性】面板中单击曲线，创建多个控制点，然后调整曲线形状为S形，如图10-117所示。此时画面效果如图10-118所示。

图10-117　　　　　　　　图10-118

03 增强画面清晰度。使用盖印画面效果快捷键Ctrl+Alt+Shift+E盖印当前画面效果。执行【滤镜】|【锐化】|【智能锐化】命令，在弹出的【智能锐化】对话框中设置【数量】为60%、【半径】为2.0像素、【减少杂色】为10%、【移去】为【镜头模糊】，设置完成后单击【确定】按钮，如图10-119所示。最终效果如图10-120所示。

图10-119

图10-120

实例174　制作清晰的建筑效果图

文件路径	第10章\制作清晰的建筑效果图
难易指数	★★★★★
技术掌握	● 智能锐化 ● 自然饱和度

扫码深度学习

操作思路

本案例主要使用【智能锐化】、【自然饱和度】命令锐化图像并增强其颜色感。

案例效果

案例效果如图10-121所示。

图10-121

操作步骤

01 执行【文件】|【打开】命令，打开素材"1.jpg"，如图10-122所示。

图10-122

02 增强画面细节感。执行【滤镜】|【锐化】|【智能锐化】命令，在弹出来的【智能锐化】对话框中设置【数量】为100%、【半径】为1.7像素、【减少杂色】为10%、【移去】为【镜头模糊】，设置完成后单击【确定】按钮，如图10-123所示。此时画面效果如图10-124所示。

图10-123

图10-124

03 增强画面整体饱和度。执行【图层】|【新建调整图层】|【自然饱和度】命令，在弹出的【新建图层】对话框中单击【确定】按钮，得到调整图层。接着在【属性】面板中设置【自然饱和度】为+70，如图10-125所示。最终效果如图10-126所示。

图10-125

图10-126

第11章

明亮客厅日景表现

本章概述

客厅是室内设计中最重要的空间之一，明亮客厅日景表现的重点在于模拟明亮清爽的感觉，这主要由灯光和材质来决定。本例将重点使用标准材质、VRayMtl材质、【混合】材质、【衰减】程序贴图制作客厅的多种材质质感，并使用VR灯光模拟客厅日景表现。

本章重点

- VRayMtl材质、【混合】材质、【衰减】程序贴图的使用
- 使用VR灯光制作日景效果

文件路径	第11章\明亮客厅日景表现
难易指数	★★★★★
技术掌握	● 标准材质 ● VRayMtl材质 ● 【混合】材质 ● 【衰减】程序贴图 ● VR-灯光

扫码深度学习

操作思路

本例主要使用标准材质、VRayMtl材质、【混合】材质、【衰减】程序贴图制作客厅的多种材质质感，使用VR灯光模拟客厅日景表现。

案例效果

案例效果如图11-1所示。

图11-1

操作步骤

实例175　乳胶漆材质

01 打开本书配备的"第11章\明亮客厅日景表现\11.max"文件，如图11-2所示。

图11-2

02 按M键，打开材质编辑器，选择一个空白材质球，将材质命名为【乳胶漆】，展开【Blinn基本参数】卷展栏，将【环境光】、【漫反射】的颜色均调整为灰白色，如图11-3所示。

03 将调整完成的【乳胶漆】材质赋予场景中墙体模型，如图11-4所示。

图11-3

图11-4

实例176　透光窗帘材质

01 选择一个空白材质球，单击 Standard 按钮，在弹出的【材质/贴图浏览器】对话框中选择VRayMtl材质，如图11-5所示。

图11-5

02 将材质命名为【透光窗帘】，在【漫反射】选项组下调整颜色为淡蓝色。在【反射】选项组下取消选中【菲涅耳反射】复选框。在【折射】选项组下设置【折射】颜色为深灰色，取消选中【菲涅耳反射】复选框，】

设置【光泽度】为0.85，选中【影响阴影】复选框，设置【IOR（折射率）】为1.001，如图11-6所示。

图11-6

03 将调整完成的【透光窗帘】材质赋予场景中的窗帘模型，如图11-7所示。

图11-7

实例177 木地板材质

01 选择一个空白材质球，单击 Standard 按钮，在弹出的【材质/贴图浏览器】对话框中选择VRayMtl材质，如图11-8所示。

图11-8

02 将材质命名为【木地板】，在【漫反射】选项组下加载【地板.jpg】贴图文件，设置【裁剪/放置】下的U为0.209和W为0.578。在【反射】选项组下设置【反射】

颜色为深灰色，设置【光泽度】为0.7，取消勾选【菲涅耳反射】复选框，如图11-9所示。

图11-9

03 展开【贴图】卷展栏，将【漫射】后面的贴图拖曳到【凹凸】贴图通道上，在【实例(副本)贴图】对话框中设置方法为【复制】，并设置【凹凸】为90.0，在【环境】后面的通道上加载【输出】程序贴图，如图11-10所示。

04 选择木地板模型，为其加载【UVW贴图】修改器，并设置【贴图】方式为【平面】，设置【长度】为301.983mm、【宽度】为376.834mm，设置【对齐】为Z，如图11-11所示。

图11-10　　　　　图11-11

05 将调整完成的【木地板】材质赋予场景中的地板模型，如图11-12所示。

图11-12

实例178 地毯材质

01 选择一个空白材质球，单击 Standard 按钮，在弹出的【材质/贴图浏览器】对话框中选择VRayMtl材质，如图11-13所示。

图11-13

02 将材质命名为【地毯】，在【漫反射】选项组下加载L13580512.jpg贴图文件，设置【偏移】的V为0.8、【瓷砖】的U和V均为0.4，如图11-14所示。

图11-14

03 选择地毯模型，为其加载【UVW贴图】修改器，并设置【贴图】方式为【平面】，设置【长度】、【宽度】均为800mm，设置【对齐】为Z，如图11-15所示。

04 将调节完成的【地毯】材质赋予场景中的地毯模型，如图11-16所示。

图11-15   图11-16

实例179 沙发材质

01 选择一个空白材质球，单击 Standard 按钮，在弹出的【材质/贴图浏览器】对话框中选择沙发材质，如图11-17所示。

图11-17

02 在【材质1】后面的通道加载VRayMtl材质，在【漫反射】选项组下加载【衰减】程序贴图，分别在颜色后面的通道上加载【43806 副本2daaadaaaaacaa1.jpg】和【43801 副本ba1a.jpg】贴图文件，并设置【瓷砖】的U和V均为1.5。设置【衰减类型】为Fresnel，展开【混合曲线】卷展栏，调整曲线样式。在【反射】选项组下取消选中【菲涅耳反射】复选框，如图11-18所示。

图11-18

03 回到【混合基本参数】卷展栏，在【材质2】后面的通道加载VRayMtl材质，在【漫反射】选项组下加载【衰减】程序贴图，分别在颜色后面的通道上加载【43801 副本ba1.jpg】和【43801 副本ba12.jpg】贴图文件，并设置【瓷砖】的U和V均为1.5。展开【混合曲线】卷展栏，调整曲线样式。在【反射】选项组下取消选中【菲涅耳反射】复选框，如图11-19所示。

图11-19

04 回到【混合基本参数】卷展栏，在【遮罩】后面的通道加载【黑白.jpg】贴图文件，并设置【瓷砖】的U和V均为1.2，如图11-20所示。

图11-20

05 选择沙发模型，为其加载【UVW贴图】修改器，并设置【贴图】方式为【长方体】，设置【长度】、【宽度】和【高度】均为800.0mm，设置【对齐】为Z，如图11-21所示。

06 将调整完成的【沙发】材质赋予场景中的沙发模型，如图11-22所示。

图11-21

图11-22

实例180 茶几材质

01 选择一个空白材质球，单击 Standard 按钮，在弹出的【材质/贴图浏览器】对话框中选择VRayMtl材质，如图11-23所示。

图11-23

02 将材质命名为【茶几】，在【漫反射】选项组下加载yNfgaNj013a1.jpg贴图文件，设置【角度】W为90。在【反射】选项组下加载【衰减】程序贴图，设置【衰减类型】为Fresnel，并调整【折射率】为2.0。设置【光泽度】为0.8，取消选中【菲涅耳反射】复选框，如图11-24所示。

图11-24

图11-27

03 选择茶几模型，为其加载【UVW贴图】修改器，并设置【贴图】方式为【长方体】，设置【长度】、【宽度】和【高度】均为800.0mm，设置【对齐】为Z，如图11-25所示。

04 将调整完成的【茶几】材质赋予场景中的茶几模型，如图11-26所示。

图11-28

02 选择创建的VR灯光，在【常规】选项组下设置【类型】为【平面】，设置【长度】为2400.0mm、【宽度】为1960.0mm、【倍增】为40.0、【颜色】为紫色，如图11-29所示。

图11-25　　　　图11-26

图11-29

实例181　VR灯光制作窗口光线

01 单击【创建】＋|【灯光】💡 VRay ▼ | VR-灯光 按钮，如图11-27所示。在【左】视图中创建 VR灯光，具体的位置如图11-28所示。

实例182　VR灯光制作辅助灯光

01 单击【创建】＋|【灯光】💡 VRay ▼ | VR-灯光 按钮，如图11-30所示。在【左】视图中创建 VR灯光，具体的位置如图11-31所示。

图11-30

艺境 中文版3ds Max三维效果图设计与制作全视频 实践228例 溢彩版

图11-31

02 选择创建的VR灯光，在【常规】选项组下设置【类型】为【平面】，设置【长度】为2400.0mm、【宽度】为1960.0mm、【倍增】为1.0、【颜色】为白色，选中【不可见】复选框，如图11-32所示。

图11-32

实例183 设置摄影机

01 单击【创建】 ➕ |【摄影机】 📷 标准 ▼ 物理 按钮，如图11-33所示。在【顶】视图中创建摄影机，具体的位置如图11-34所示。

02 选择创建的物理摄影机，在【修改】面板下展开【基本】卷展栏，修改【目标距离】为1289.657mm。在【物理摄影机】卷展栏下选中【指定视野】复选框，修改数值为65.503，如图11-35所示。

图11-33

图11-34

图11-35

实例184 设置成图渲染参数

01 按F10键，在打开的【渲染设置：V-Ray 5，update 2.3】对话框中重新设置渲染参数，设置【渲染器】为V-Ray 5,update 2.3、选择【公用】选项卡，在【输出大小】选项组下设置【宽度】为1000、【高度】为750，如图11-36所示。

图11-36

02 选择V-Ray选项卡，展开【帧缓冲区】卷展栏，取消选中【启用内置帧缓冲区】复选框。展开【全局开关】卷展栏，选择【高级模式】，取消选中【过滤全局照明】和【最大光线强度】复选框。展开【图像采样器（抗锯齿）】卷展栏，设置【最小着色率】为1，展开【图像过滤器】卷展栏，选择【过滤器】为Mitchell-Netravali。展开【环境】卷展栏，选中【全局照明（GI）环境】复选框，将【颜色】调整为淡蓝色。展开【颜色贴图】卷展栏，选择【高级模式】，设置【类型】为【指数】、【伽玛】为1.0，设置【暗度倍增】为0.9，【明度倍增】为1.1，选中【子像素贴图】复选框，设置【模式】为【颜色贴图和伽玛】，如图11-37所示。

图11-38

图11-37

03 选择GI选项卡，展开【全局照明】卷展栏，选中【启用全局照明（GI）】复选框，设置【二次引擎】为【灯光缓存】。展开【发光贴图】卷展栏，选择【高级模式】，设置【当前预设】为【低】，选中【显示直接光】复选框，选择【显示新采样为亮度】。展开【灯光缓存】卷展栏，取消选中【存储直接光】、【折回】复选框，如图11-38所示。

04 最终渲染效果如图11-39所示。

图11-39

艺境

中文版3ds Max三维效果图设计与制作全视频

实践228例 溢彩版

第12章

美式风格厨房设计

本章概述

　　厨房是用于烹饪的房间，需将橱柜、厨具和各种厨用家电按其形状、尺寸及使用要求进行布局、巧妙搭配，实现厨房用具合理布置。厨房的风格多种多样，通常需与客厅风格相匹配。本例将以美式风格为例进行讲解。本例主要以VRayMtl材质制作美式风格厨房的多种材质质感，并使用目标灯光模拟射灯，使用VR灯光模拟吊灯、辅助光源等。

本章重点

- VRayMtl材质的使用
- 目标灯光、VR灯光的使用

文件路径	第12章\美式风格厨房设计
难易指数	★★★★★
技术掌握	● VRayMtl 材质 ● 目标灯光 ● VR- 灯光

扫码深度学习

中【菲涅耳反射】复选框，设置【最大深度】为7。在【折射】选项组下设置【IOR（折射率）】为1.8，如图12-4所示。

操作思路

本例主要使用VRayMtl材质制作美式风格厨房的多种材质质感，使用目标灯光模拟射灯，使用VR灯光模拟吊灯、辅助光源等。

案例效果

案例效果如图12-1所示。

图12-1

操作步骤

实例185　木地板材质

01 打开本书配备的"第12章\美式风格厨房设计\12.max"文件，如图12-2所示。

图12-2

02 按M键，打开材质编辑器，选择一个空白材质球，单击 Standard 按钮，在弹出的【材质/贴图浏览器】对话框中选择VRayMtl材质，如图12-3所示。

03 将材质命名为【木地板】，在【漫反射】选项组下加载【木地板.jpg】贴图文件，并设置【瓷砖】的U为3.0、V为2.0，【模糊】为0.7。在【反射】选项组下调整【反射】颜色为深灰色，设置【光泽度】为0.87，取消选

图12-3

图12-4

04 展开【贴图】卷展栏，将【漫射】后面的贴图拖曳到【凹凸】的贴图通道上，在【实例（副本）贴图】对话框中设置方法为【复制】，并设置【凹凸】为5.0，如图12-5所示。

图12-5

05 将调整完成的【木地板】材质赋予场景中的地板模型，如图12-6所示。

图12-6

实例186　木纹材质

01 选择一个空白材质球，单击 `Standard` 按钮，在弹出的【材质/贴图浏览器】对话框中选择VRayMtl材质，如图12-7所示。

图12-7

02 将材质命名为【木纹】，在【漫反射】选项组下加载ArchInteriors_12_01_mian_wood.jpg贴图文件，设置【模糊】为0.9。在【反射】选项组下调整【反射】颜色为深灰色，设置【光泽度】为0.85，取消选中【菲涅耳反射】复选框。展开【贴图】卷展栏，将【漫射】后面的贴图拖曳到【凹凸】的贴图通道上，设置方式为【复制】，并设置【凹凸】为3.0，如图12-8所示。

图12-8

03 将调整完成的【木纹】材质赋予场景中的柜子模型，如图12-9所示。

图12-9

实例187　大理石台面材质

01 选择一个空白材质球，单击 `Standard` 按钮，在弹出的【材质/贴图浏览器】对话框中选择VRayMtl材质，如图12-10所示。

图12-10

02 将材质命名为【大理石台面】，在【漫反射】选项组下加载ArchInteriors_12_01_top.jpg贴图文件，并设置【模糊】为0.8。设置【光泽度】为0.96。取消选中【菲涅耳反射】复选框，如图12-11所示。

图12-11

03 将调整完成的【大理石台面】材质赋予场景中的台面模型，如图12-12所示。

图12-12

实例188　金属炉灶材质

01 选择一个空白材质球，单击 Standard 按钮，在弹出的【材质/贴图浏览器】对话框中选择VRayMtl材质，如图12-13所示。

图12-13

02 将材质命名为【金属炉灶】，设置【反射】颜色为灰色，设置【光泽度】为0.86，取消选中【菲涅耳反射】复选框。展开【BRDF（双向反射分布函数）】卷展栏，设置【旋转】为90.0，如图12-14所示。

图12-14

03 将调整完成的【金属炉灶】材质赋予场景中的金属炉灶模型，如图12-15所示。

图12-15

实例189　金属水池材质

01 选择一个空白材质球，单击 Standard 按钮，在弹出的【材质/贴图浏览器】对话框中选择VRayMtl材质，如图12-16所示。

图12-16

02 将材质命名为【金属水池】，在【反射】选项组下调节【反射】颜色为灰白色，设置【光泽度】为0.94。取消选中【菲涅耳反射】复选框，如图12-17所示。

图12-17

03 将调整完成的【金属水池】材质赋予场景中的水池模型，如图12-18所示。

图12-18

实例190 装饰画玻璃材质

01 选择一个空白材质球,单击 Standard 按钮,在弹出的【材质/贴图浏览器】对话框中选择VRayMtl材质,如图12-19所示。

图12-19

02 将材质命名为【装饰画玻璃】,在【漫反射】选项组下调整【漫反射】颜色为黑色,在【反射】选项组下调整颜色为白色,在【折射】选项组下调整【折射】颜色为白色。选中【影响阴影】复选框,设置【影响通道】为【颜色+Alpha】,【IOR(折射率)】为1.2。展开【选项】卷展栏,设置【中止】为0.01,取消选中【雾系统单位比例】复选框,如图12-20所示。

图12-20

03 将调整完成的【装饰画玻璃】材质赋予场景中的模型,如图12-21所示。

图12-21

实例191 水果材质

01 选择一个空白材质球,单击 Standard 按钮,在弹出的【材质/贴图浏览器】对话框中选择VRayMtl材质,如图12-22所示。

图12-22

02 将材质命名为【水果】,在【漫反射】选项组下加载Banana_02_DIFF.png贴图文件,设置【反射】颜色为深灰色,设置【光泽度】为0.62,取消选中【菲涅耳反射】复选框。展开【贴图】卷展栏,将【漫射】后面的贴图拖曳到【凹凸】的贴图通道上,在【实例(副本)贴图】对话框中设置方法为【复制】,如图12-23所示。

图12-23

03 将调整完成的【水果】材质赋予场景中的水果模型，如图12-24所示。

图12-24

实例192 目标灯光制作棚顶射灯

01 单击【创建】+|【灯光】💡|光度学▼|目标灯光 按钮，如图12-25所示。在【左】视图中创建目标灯光，具体的位置如图12-26所示。

图12-25

图12-26

02 选择创建的目标灯光，展开【常规参数】卷展栏，在【阴影】选项组下选中【启用】复选框并设置为【VR-阴影】，设置【灯光分布（类型）】为【光度学Web】。展开【分布（光度学Web）】卷展栏，并在通道上加载【筒灯1.IES】文件。展开【强度/颜色/衰减】卷展栏，调整【开尔文】颜色为淡黄色，设置【强度】为lm、870.0。展开【VRay阴影参数】卷展栏，选中【区域阴影】复选框，设置【U大小】、【V大小】和【W大小】均为50.0mm，如图12-27所示。

图12-27

03 选择创建的目标灯光，使用【选择并移动】工具✥复制16盏，不需要进行参数的调整。其具体位置如图12-28所示。

图12-28

实例193 目标灯光制作炉灶射灯

01 单击【创建】+|【灯光】💡|光度学▼|目标灯光 按钮，如图12-29所示。在【左】视图中创建目标灯光，具体的位置如图12-30所示。

图12-29

图12-30

02 选择创建的目标灯光，展开【常规参数】卷展栏，在【阴影】选项组下选中【启用】复选框并设置为【VR-阴影】，设置【灯光分布（类型）】为【光度学Web】。展开【分布（光度学Web）】卷展栏，并在通道上加载【筒灯2.ies】文件。展开【强度/颜色/衰减】卷展栏，调整【开尔文】后面的颜色为淡黄色，设置【强度】为lm、800.0。展开【VRay阴影参数】卷展栏，选中【区域阴影】复选框，设置【U大小】、【V大小】和【W大小】均为40.0mm，设置【细分】为20，如图12-31所示。

图12-31

03 选择创建的目标灯光，使用【选择并移动】工具 ✛ 复制1盏，不需要进行参数的调整。其具体位置如图12-32所示。

图12-32

实例194 VR灯光制作餐桌吊灯灯光

01 单击【创建】➕【灯光】💡 VRay ▼ VR-灯光 按钮，如图12-33所示。在【顶】视图中创建 VR灯光，具体的位置如图12-34所示。

图12-33

图12-34

02 选择创建的VR灯光，在【常规】选项组下设置【类型】为【平面】，设置【长度】为860.0mm、【宽度】为60.0mm、【倍增】为40.0、【颜色】为淡黄色。选中【不可见】复选框，如图12-35所示。

图12-35

03 选择创建的VR灯光，使用【选择并移动】工具 ✛ 复制1盏，不需要进行参数的调整。其具体位置如图12-36所示。

图12-36

实例195 VR灯光制作烤箱效果

01 单击【创建】➕ 灯光 💡 VRay ▼ VR-灯光 按钮，如图12-37所示。在【顶】视图中创建 VR灯光，具体的位置如图12-38所示。

02 选择创建的VR灯光，在【常规】选项组下设置【类型】为【平面】，设置【长度】为40.0mm、【宽度】为680.0mm、【单位】为【辐射率（W）】、【倍增】为6.0、【颜色】为橘色。选中【不可见】复选框，在【采样】选项组下设置【阴影偏移】为0.508mm，如图12-39所示。

图12-37

图12-38

图12-39

实例196　VR灯光制作辅助灯光

01 单击【创建】 ➕ |【灯光】 💡 VRay ▼ | VR-灯光 按钮，如图12-40所示。在【顶】视图中创建 VR灯光，具体的位置如图12-41所示。

02 选择创建的VR灯光，在【常规】选项组下设置【类型】为【平面】，设置【长度】为600.0mm、【宽度】为30.0mm、【倍增】为20.0、【颜色】为淡黄色。选中【不可见】复选框，在【采样】选项组下设置【阴影偏移】为0.508mm，如图12-42所示。

图12-40

图12-41

图12-42

03 选择创建的VR灯光，使用【选择并移动】工具 ✥ 复制2盏，不需要进行参数的调整。其具体位置如图12-43所示。

图12-43

04 单击【创建】 ➕ 【灯光】 💡 VRay ▼ | VR-灯光 按钮，如图12-44所示。在【前】视图中创建 VR灯光，具体的位置如图12-45所示。

05 选择上一步创建的VR灯光，在【常规】选项组下设置【类型】为【平面】、调节【倍增】为5.0、【长度】为2600.0mm、【宽度】为2000.0mm。选中【不可见】复选框，如图12-46所示。

图12-44

艺境　中文版3ds Max三维效果图设计与制作全视频　实践228例　溢彩版

图12-45

图12-46

实例197 设置摄影机

01 单击【创建】➕|【摄影机】■|[VRay ▼]|VR-物理摄影机 按钮,如图12-47所示。在【顶】视图中创建摄影机,具体的位置如图12-48所示。

图12-47

图12-48

02 选择创建的VR物理摄影机,在【修改】面板下展开【传感器和镜头】卷展栏,设置【胶片规格(毫米)】为914.4、【焦距(毫米)】为448.807。展开【光圈】卷展栏,【胶片速度(ISO)】为200.0,【光圈数】为3.0,【快门速度】为15.0。展开【颜色和曝光】

卷展栏,取消选中【光晕】复选框,选择【白平衡】为【自定义】,选择【自定义平衡】为白色。设置【剪切与环境】卷展栏下【远端环境范围】为25400.0mm,如图12-49所示。

图12-49

实例198 设置成图渲染参数

01 按F10键,在打开的【渲染设置:V-Ray 5, update 2.3】对话框中重新设置渲染参数,选择【渲染器】为V-Ray 5, update 2.3,选择【公用】选项卡,在【输出大小】选项组下设置【宽度】为1200、【高度】为900,如图12-50所示。

图12-50

02 选择V-Ray选项卡,展开【帧缓冲区】卷展栏,取消选中【启用内置帧缓冲区】复选框。展开【全局开关】卷展栏,选择【高级模式】,取消选中【最大光线强度】复选框,选中【过滤全局照明】复选框。展开【图像过滤器】卷展栏,选择【过滤器】为Mitchell-Netravali。展开【颜色贴图】卷展栏,选择【高级模式】,设置【类型】为【指数】,选中【子像素贴图】复选框,如图12-51所示。

图12-51

图12-52

03 选择GI选项卡，展开【全局照明】卷展栏，选中【启用全局照明（GI）】复选框，设置【二次引擎】为【灯光缓存】。展开【发光图】卷展栏，设置【当前预设】为【低】，选中【显示直接光】复选框，如图12-52所示。

04 最终渲染效果如图12-53所示。

图12-53

第13章

现代风格休闲室一角

本章概述

休闲室是一个用于招待客人喝茶聊天的安静空间，也是放松身心、享受生活、提升生活品质的表现。本章将以现代风格休闲室为例进行讲解。本例主要使用标准材质、VRayMtl材质制作现代风格休闲室的多种材质质感，使用目标平行光模拟日光光照，使用VR灯光模拟辅助灯光。

本章重点

- VRayMtl材质的使用
- 目标平行光、VR灯光的使用

文件路径	第13章 \ 现代风格休闲室一角
难易指数	★★★★★
技术掌握	● 标准材质 ● VRayMtl 材质 ● 目标平行光 ● VR- 灯光

扫码深度学习

操作思路

　　本例主要使用标准材质、VRayMtl材质制作现代风格休闲室的多种材质质感，使用目标平行光模拟日光光照，使用【VR-灯光】模拟辅助灯光。

案例效果

　　案例效果如图13-1所示。

图13-1

操作步骤

实例199　砖墙材质

01 打开本书配备的"第13章\现代风格休闲室一角\13.max"文件，如图13-2所示。

02 按M键打开材质编辑器，选择一个空白材质球，将材质命名为【砖墙】，展开【Blinn基本参数】卷展栏，在【漫反射】后面加载【砖墙.jpg】贴图文件。在【输出】卷展栏下，选中【启用颜色贴图】复选

框，单击【移动】按钮，调整下方的数值为1.0和0.49，如图13-3所示。

图13-2

图13-3

03 展开【贴图】卷展栏，在【凹凸】后面加载【砖墙.jpg】贴图文件，在【输出】卷展栏下，选中【启用颜色贴图】复选框，单击【移动】按钮，调整下方的数值为0.0和−0.011，如图13-4所示。

图13-4

04 选择墙体模型，为其加载【UVW贴图】修改器，并设置【贴图】方式为【长方体】、【长度】为840.84mm、【宽度】为987.987mm、【高度】为1282.281mm、【对齐】为Z，如图13-5所示。

05 将调整完成的【砖墙】材质赋予场景中的墙体模型，如图13-6所示。

图13-5　　　　　　　　　图13-6

实例200　石材材质

01 选择一个空白材质球，单击 Standard 按钮，在弹出的【材质/贴图浏览器】对话框中选择VRayMtl材质，如图13-7所示。

图13-7

02 将材质命名为【石材】，在【漫反射】选项组下加载【平铺】程序贴图，选择【预设类型】为【1/2连续砌合】，在【高级控制】卷展栏下【纹理】后面的通道上加载Textures4ever_Vol2_Square_55.jpg贴图文件，设置【水平数】为8.0、【垂直数】为13.0。设置【水平间距】和【垂直间距】为0.03、【随机种子】为42260。设置【光泽度】为0.65，取消选中【菲涅耳反射】复选框，如图13-8所示。

03 展开【贴图】卷展栏，在【凹凸】后面的通道上加载【平铺】程序贴图，选择【预设类型】为【1/2连续

砌合】。在【高级控制】卷展栏下，调整【纹理】后面的颜色为白色，设置【水平数】为8.0、【垂直数】为13.0。设置【水平间距】和【垂直间距】均为0.03、【随机种子】为42260，如图13-9所示。

图13-8

图13-9

04 选择墙体模型，为其加载【UVW贴图】修改器，并设置【贴图】方式为【平面】、【长度】为2002.0mm、【宽度】为1692.415mm、【对齐】为【Z】，如图13-10所示。

05 将调整完成的【石材】材质赋予场景中的墙体模型，如图13-11所示。

图13-10　　　　　　　　　图13-11

01 选择一个空白材质球，单击 Standard 按钮，在弹出的【材质/贴图浏览器】对话框中选择VRayMtl材质，如图13-12所示。

图13-12

02 将材质命名为【塑料】，在【漫反射】选项组下调节【漫反射】颜色为黑色，在【反射】选项组下加载【衰减】程序贴图，设置【衰减类型】为Fresnel，并取消选中【菲涅耳反射】复选框，如图13-13所示。

图13-13

03 将调整完成的【塑料】材质赋予场景中的桌椅模型，如图13-14所示。

图13-14

01 选择一个空白材质球，单击 Standard 按钮，在弹出的【材质/贴图浏览器】对话框中选择VRayMtl材质，如图13-15所示。

图13-15

02 将材质命名为【木地板】，在【漫反射】选项组下加载061.jpg贴图文件，勾选【启用颜色贴图】复选框，单击【移动】按钮，调整下方的数值为1.0和0.74。设置【反射】颜色为深灰色，设置【光泽度】为0.85，取消选中【菲涅耳反射】复选框，如图13-16所示。

图13-16

03 选择地板模型，为其加载【UVW贴图】修改器，并设置【贴图】方式为【平面】、【长度】为2372.778mm、【宽度】为1443.723mm、【对齐】为【Z】，如图13-17所示。

04 将调整完成的【木地板】材质赋予场景中的地板模型，如图13-18所示。

图13-17 图13-18

实例203 目标平行光制作太阳光

01 单击【创建】 ➕ |【灯光】 💡 标准 ▾ | 目标平行光 按钮，如图13-19所示。在【顶】视图中创建目标平行光，具体的位置如图13-20所示。

图13-19

图13-20

02 选择创建的目标平行光，在【阴影】选项组下选中【启用】复选框，选择【VR-阴影】。在【强度/颜色/衰减】选项组下设置【倍增】为50.0，选中【远距衰减】中的【使用】复选框，设置【结束】为6200.0mm。在【平行光参数】卷展栏下设置【聚光区/光束】为1060.0mm、【衰减区/区域】为1660.0mm。展开【VRay阴影参数】卷展栏，勾选【区域阴影】复选框，设置【U大小】、【V大小】和【W大小】均为100.0mm，如图13-21所示。

图13-21

实例204 VR灯光制作辅助灯光

01 单击【创建】 ➕ |【灯光】 💡 VRay ▾ | VR-灯光 按钮，如图13-22所示。在【左】视图中创建 VR灯光，具体的位置如图13-23所示。

图13-22

图13-23

02 选择创建的VR灯光，在【常规】选项组下设置【类型】为【平面】、【长度】为1940.0mm、【宽度】为1360.0mm、【倍增】为10.0、【颜色】为浅橘色。选中【不可见】复选框，如图13-24所示。

图13-24

03 单击【创建】+|【灯光】💡 VRay ▼ | VR-灯光 按
钮，如图13-25所示。在【左】视图中创建 VR灯
光，具体位置如图13-26所示。

图13-25

图13-26

04 选择上一步创建的VR灯光，在【常规】选项
组下设置【类型】为【平面】、【长度】为
1940.0mm、【宽度】为1840.0mm、【倍增】为
3.0、【颜色】为淡蓝色。选中【不可见】复选框，如
图13-27所示。

图13-27

实例205　设置摄影机

01 单击【创建】+|【摄影机】🎥 标准 ▼ | 目标 按
钮，如图13-28所示。在【顶】视图中创建摄影机，
具体位置如图13-29所示。

图13-28

图13-29

02 选择创建的目标摄影机，展开【参数】卷展栏，设
置【镜头】为47.993mm，【视野】为41.118度，在
最下方设置【目标距离】为1053.005mm，如图13-30
所示。

图13-30

实例206　设置成图渲染参数

01 按F10键，在打开的【渲染设置V-Ray 5，update
2.3】对话框中重新设置渲染参数，选择【渲染器】为
V-Ray 5，update 2.3，选择【公用】选项卡，在【输出大
小】选项组下设置【宽度】为1000、【高度】为1089，如
图13-31所示。

02 选择V-Ray选项卡，展开【帧缓冲区】卷展栏，取消
选中【启用内置帧缓冲区】复选框。展开【全局开
关【无名汉化】】卷展栏，选择【高级模式】，取消选中
【概率灯光】、【过滤GI】、【最大光线强度】复选框。
展开【图像采样器（抗锯齿）】卷展栏，设置【最小着色
速率】为1，选择【过滤器】为Mitchell-Netravali。展开

【环境】卷展栏，选中【全局照明（GI）环境】复选框，将【颜色】调整为蓝灰色。展开【颜色贴图】卷展栏，选择【高级模式】，设置【类型】为【指数】，【伽玛】为1.0，选中【子像素贴图】复选框，取消选中【影响背景】复选框，选择【模式】为【颜色贴图和伽玛】，如图13-32所示。

设置【当前预设】为【非常低】，设置【插值采样】为30。展开【灯光缓存】卷展栏，取消选中【存储直接光】复选框，如图13-33所示。

图13-31

图13-33

图13-34

04 最终渲染效果如图13-34所示。

图13-32

03 选择GI选项卡，展开【全局照明】卷展栏，选中【启用全局照明（GI）】复选框，设置【二次引擎】为【灯光缓存】。展开【发光贴图】卷展栏，

第14章

别墅客厅设计

本章概述

　　别墅是一种高档的改善型住宅，主要分为5种类型，分别是独栋别墅、联排别墅、双拼别墅、叠加式别墅、空中别墅。提到别墅，给人的第一感觉通常是空间大、举架高，大气、高端、豪华。本例主要以VRayMtl材质、【VR-颜色】程序贴图、【衰减】程序贴图、【平铺】程序贴图、【混合】材质、【VR-灯光材质】材质制作别墅客厅的多种材质质感，使用VR太阳模拟日光效果，使用VR灯光模拟辅助灯光。

本章重点

- VRayMtl材质、【衰减】程序贴图、【混合】材质、【VR-灯光材质】材质的使用
- VR太阳光、VR灯光的使用

文件路径	第14章 \ 别墅客厅设计
难易指数	★★★★★
技术掌握	● VRayMtl 材质 ● 【VR- 颜色】程序贴图 ● 【衰减】程序贴图 ● 【平铺】程序贴图 ● 【混合】材质 ● 【VR- 灯光材质】材质 ● VR- 太阳 ● VR- 灯光

操作思路

本例主要使用VRayMtl材质、【VR-颜色】程序贴图、【衰减】程序贴图、【平铺】程序贴图、【混合】材质、【VR-灯光材质】制作别墅客厅的多种材质质感，使用VR太阳模拟日光效果，使用VR灯光模拟辅助灯光。

案例效果

案例效果如图14-1所示。

图14-1

操作步骤

实例207　乳胶漆材质

01 打开本书配备的"第14章\别墅客厅设计\14.max"文件，如图14-2所示。

图14-2

02 按M键打开【材质编辑器】，选择一个空白材质球，单击 Standard 按钮，在弹出的【材质/贴图浏览器】对话框中选择VRayMtl材质，如图14-3所示。

图14-3

03 将材质命名为【乳胶漆】，在【漫反射】后面的通道上加载【VR-颜色】程序贴图。展开【VRay颜色参数】卷展栏，设置【红】为0.899、【绿】为0.875、【蓝】为0.82。取消选中【菲涅尔反射】复选框，如图14-4所示。

图14-4

04 将调整完成的【乳胶漆】材质赋予场景中的墙体模型，如图14-5所示。

图14-5

实例208　沙发材质

01 选择一个空白材质球，单击 Standard 按钮，在弹出的【材质/贴图浏览器】对话框中选择VRayMtl材质，如图14-6所示。

图14-6

图14-8

图14-9

02 将材质命名为【沙发】，在【漫反射】选项组下加载【衰减】程序贴图，分别在两个颜色后面的通道加载【43806 副本2daaadaa1.jpg】和【43806 副本2daaadaa2.jpg】贴图文件。展开【混合曲线】卷展栏，调整曲线样式。取消选中【菲涅尔反射】复选框，如图14-7所示。

图14-7

03 选择沙发模型，为其加载【UVW贴图】修改器，并设置【贴图】方式为【长方体】，设置【长度】、【宽度】和【高度】均为600.0mm，最后设置【对齐】为Z，如图14-8所示。

04 将调整完成的【沙发】材质赋予场景中的沙发模型，如图14-9所示。

实例209　木地板材质

01 选择一个空白材质球，单击 Standard 按钮，在弹出的【材质/贴图浏览器】对话框中选择VRayMtl材质，如图14-10所示。

图14-10

02 将材质命名为【木地板】，在【漫反射】选项组下加载【平铺】程序贴图，选择【预设类型】为【自定义平铺】，在【高级控制】卷展栏下【纹理】后面的通道上加载【木纹地板.jpg】贴图文件，设置【水平数】为3.0、【垂直数】为8.0、【颜色变化】为0.1、【淡出变化】为0.7。在【杂项】选项组下设置【随机种子】为13452。在【堆垛布局】选项组下设置【线性移动】和【随机移动】均为0.2。设置【反射】颜色为深灰色，设置【光泽度】为0.86，取消选中【菲涅尔反射】复选框。在【折射】选项组下设置IOR（折射率）为2.0，如图14-11所示。

图14-11

03 展开【贴图】卷展栏，将【漫射】后面的贴图拖曳到【凹凸】的贴图通道上，在【实例（副本）贴图】对话框中设置方法为【复制】，并设置【凹凸】为80.0，如图14-12所示。

图14-12

04 将调整完成的【木地板】材质赋予场景中的地板模型，如图14-13所示。

图14-13

实例210　地毯材质

01 选择一个空白材质球，单击 Standard 按钮，在弹出的【材质/贴图浏览器】对话框中选择【混合】材质，选择【丢弃旧材质】选项，如图14-14所示。

图14-14

02 将材质命名为【地毯】，在【材质1】后面的通道加载VRayMtl材质，在【漫反射】选项组下加载【衰减】程序贴图，在黑色后面的通道上加载【43806 副本.jpg】贴图文件，并在【输出】卷展栏下选中【启用颜色贴图】复选框，单击【移动】按钮，调整下方的数值为0.875。在白色后面的通道上加载【43806 副本.jpg】贴图文件，并在【输出】卷展栏下，选中【启用颜色贴图】复选框，单击【移动】按钮，调整下方的数值为0.732。返回到【衰减参数】卷展栏，在【输出】卷展栏下选中【启用颜色贴图】复选框，单击【移动】按钮，调整下方的数值为0.837。返回到【基本参数】卷展栏，在【反射】选项组下取消选中【菲涅耳反射】复选框，如图14-15所示。

图14-15

03 展开【贴图】卷展栏，在【凹凸】后面的贴图通道上加载Arch30_towelbump5.jpg贴图文件，在【坐标】卷展栏下设置【瓷砖】的U和V均为1.5、【角度】的W为45.0，并设置【凹凸】为44.0，如图14-16所示。

04 返回到【混合基本参数】卷展栏，在【材质2】后面的通道加载VRayMtl材质，在【漫反射】选项组下加载【衰减】程序贴图，在黑色后面的通道上加载【43806 副本.jpg】贴图文件，并在【输出】卷展栏下选中【启用颜色贴图】复选框，单击【移动】按钮，调整下方的数值为0.597。在白色后面的通道上加载【43806 副本.jpg】贴图文件，并在【输出】卷展栏下选中【启用颜色贴图】复选框，单击【移动】按钮，调整下方的数值为0.453。返回到【衰减参数】卷展栏，在【输出】卷展栏下选中【启用颜色贴图】复选框，单击【移动】按钮，调整下方的数值为0.607。返回到【基本参数】卷展栏，在【反射】选项组下取消选中【菲涅耳反射】复选框，如图14-17所示。

图14-16

图14-17

05 展开【贴图】卷展栏，在【凹凸】后面的贴图通道上加载Arch30_towelbump5.jpg贴图文件。在【坐标】卷展栏下设置【瓷砖】的U和V均为1.5、【角度】的W为45.0，并设置【凹凸】为20.0，如图14-18所示。

图14-18

06 回到【混合基本参数】卷展栏，在【遮罩】后面的通道加载hh.jpg贴图文件，并设置【瓷砖】的U为0.8、V为0.6，如图14-19所示。

图14-19

07 选择地毯模型，为其加载【UVW贴图】修改器，并设置【贴图】方式为【长方体】，设置【长度】、【宽度】和【高度】均为600.0mm，最后设置【对齐】为Z，如图14-20所示。

08 将调整完成的【地毯】材质赋予场景中的地毯模型，如图14-21所示。

图14-20　　　　　　图14-21

实例211　挂画材质

01 选择一个空白材质球，单击 Standard 按钮，在弹出的【材质/贴图浏览器】对话框中选择VRayMtl材质，如图14-22所示。

图14-22

02 将材质命名为【挂画】，在【漫反射】选项组下加载【雪景.jpg】贴图文件，取消选中【菲涅耳反射】复选框，如图14-23所示。

雪景.jpg

图14-23

03 将调整完成的【挂画】材质赋予场景中的挂画模型，如图14-24所示。

图14-24

实例212 窗外背景材质

01 选择一个空白材质球，单击 Standard 按钮，在弹出的【材质/贴图浏览器】对话框中选择【VR-灯光材质】材质，如图14-25所示。

02 将材质命名为【窗外背景】，在【颜色】后面的通道上加载【外景.tif】贴图文件，并设置数值为5.0，如图14-26所示。

03 将调整完成的【窗外背景】材质赋予场景中的窗户模型，如图14-27所示。

图14-25

图14-26

图14-27

实例213 VR太阳制作太阳光

01 单击【创建】 + |【灯光】 | VRay | VR-太阳 按钮，如图14-28所示。

图14-28

02 在【左】视图中拖曳创建一盏VR太阳灯光，如图14-29所示。并在弹出的【V-Ray太阳】对话框中单击【是】按钮，如图14-30所示。

03 选择创建的VR太阳灯光，在【VRay太阳参数】卷展栏设置【臭氧】为1.0、【强度倍增】为0.09、【大小倍增】为2.0、【光子发射半径】为500.0mm，如图14-31所示。

图14-29

图14-30　　　　图14-31

实例214　VR灯光制作辅助灯光

01 单击【创建】➕|【灯光】💡 VRay ▼ VR-灯光 按钮，如图14-32所示。在【前】视图中创建 VR灯光，具体的位置如图14-33所示。

02 选择创建的VR灯光，在【常规】选项组下设置【类型】为【平面】、【长度】为460.0mm、【宽度】为320.0mm、【倍增】为4.0、【颜色】为淡蓝色。选中【不可见】复选框，如图14-34所示。

图14-32

图14-33

图14-34

03 单击【创建】➕|【灯光】💡 VRay ▼ VR-灯光 按钮，如图14-35所示。在【左】视图中创建 VR灯光，具体的位置如图14-36所示。

图14-35

图14-36

04 选择上一步创建的VR灯光，在【常规】选项组下设置【类型】为【平面】、【长度】为460.0mm、【宽度】为320.0mm、【倍增】为4.0、【颜色】为白色。选中【不可见】复选框，如图14-37所示。

图14-37

实例215　设置摄影机

$\boxed{01}$ 单击【创建】＋|【摄影机】📷|标准 ▼| 目标 按钮，如图14-38所示。在【顶】视图中创建摄影机，具体位置如图14-39所示。

图14-38

图14-39

$\boxed{02}$ 选择创建的目标摄影机，展开【镜头】卷展栏，设置【镜头】为29.047mm、【视野】为63.573度，在最下方设置【目标距离】为1.0mm，如图14-40所示。

图14-40

实例216　设置成图渲染参数

$\boxed{01}$ 按F10键，在打开的【渲染设置：V-Ray 5, update 2.3】对话框中重新设置渲染参数，选择【渲染器】为V-Ray 5, update 2.3，选择【公用】选项卡，在【输出大小】选项组下设置【宽度】为1500、【高度】为1125，如图14-41所示。

$\boxed{02}$ 选择V-Ray选项卡，展开【帧缓冲区】卷展栏，取消选中【启用内置帧缓冲区】复选框。展开【全局开关】卷展栏，选择【高级模式】，取消选中【最大光线强度】复选框。展开【图像采样器（抗锯齿）】卷展栏，设置【最小着色速率】为1，选择【过滤器】为Catmull-Rom。展开【环境】卷展栏，选中【全局照明（GI）环境】复选框。展开【颜色贴图】卷展栏，选择【高级模式】，设置【类型】为【指数】，【伽玛】为1.0，选中【子像素贴图】复选框，选中【钳制输出】复选框，选择【模式】为【颜色贴图和伽玛】，如图14-42所示。

图14-41

图14-42

$\boxed{03}$ 选择GI选项卡，展开【全局照明】卷展栏，选中【启用全局照明（GI）】复选框，设置【二次引擎】为【灯光缓存】。展开【发光贴图】卷展栏，选择【高级模式】，设置【当前预设】为【低】，选中【显示直接光】复选框，选择【显示新采样为亮度】。展开【灯光缓存】卷展栏，取消选中【显示计算相位】、【折回】复选框，如图14-43所示。

$\boxed{04}$ 最终渲染效果如图14-44所示。

图14-43　　　　　　　　　　图14-44

第15章

夜晚卧室表现

本章概述

　　卧室是供人休息、睡眠的房间，在制作室内效果图时，除了白天的效果外，很多时候也需要制作夜晚的空间效果。制作夜晚的空间效果时，灯光的设置相对复杂一些，需要设置合理的室外光线效果和室内效果，此时需要注意室外和室内的冷、暖颜色对比。本例主要以VR-灯光材质、VRayMtl材质、【衰减】程序贴图、VR-混合材质制作卧室的多种材质质感，使用VR灯光模拟室外夜晚效果、台灯效果等，使用目标灯光模拟射灯灯光。

本章重点

● VR-灯光材质、VRayMtl材质的使用
● VR灯光的使用

文件路径	第15章\夜晚卧室表现
难易指数	⭐⭐⭐⭐⭐
技术掌握	● 【VR- 灯光材质】材质 ● VRayMtl 材质 ● 【衰减】程序贴图 ● VR- 混合材质 ● VR- 灯光 ● 目标灯光

扫码深度学习

操作思路

本例主要使用VR-灯光材质、VRayMtl材质、【衰减】程序贴图、VR-混合材质制作卧室的多种材质质感，使用VR灯光模拟室外夜晚效果、台灯效果等，使用目标灯光模拟射灯灯光。

案例效果

案例效果如图15-1所示。

图15-1

操作步骤

实例217 窗外背景材质

01 打开本书配备的"第15章\夜晚卧室表现\15.max"文件，如图15-2所示。

图15-2

02 按M键打开材质编辑器，选择一个空白材质球，单击 Standard 按钮，在弹出的【材质/贴图浏览器】对话框中选择【VR-灯光材质】材质，如图15-3所示。

图15-3

03 将材质命名为【窗外背景】，在【颜色】后面的通道上加载naturewe82.jpg贴图文件，并设置数值为0.8，如图15-4所示。

04 选择窗户模型，然后为其加载【UVW贴图】修改器，并设置【贴图】方式为【长方体】，设置【长度】和【宽度】均为7000.0mm、【高度】为6006.0mm，最后设置【对齐】为Z，如图15-5所示。

图15-4

图15-5

05 将调整完成的【窗外背景】材质赋予场景中的窗户模型，如图15-6所示。

图15-6

实例218 窗帘材质

01 选择一个空白材质球，单击 Standard 按钮，在弹出的【材质/贴图浏览器】对话框中选择VRayMtl材质，如图15-7所示。

图15-7

02 将材质命名为【窗帘】，在【漫反射】选项组下加载【衰减】程序贴图，在黑色后面的通道上加载2alpaca-15a.jpg贴图文件，在白色后面的通道上加载2alpaca-15awa.jpg贴图文件。展开【混合曲线】卷展栏，调节曲线样式。在【反射】选项组下取消选中【菲涅耳反射】复选框，如图15-8所示。

图15-8

03 选择窗帘模型，然后为其加载【UVW贴图】修改器，并设置【贴图】方式为【长方体】，设置【长度】、【宽度】和【高度】均为600.0mm，最后设置【对齐】为【Z】，如图15-9所示。

04 将调整完成的【窗帘】材质赋予场景中的窗帘模型，如图15-10所示。

图15-9

图15-10

实例219 床头材质

01 选择一个空白材质球，单击 Standard 按钮，在弹出的【材质/贴图浏览器】对话框中选择VRayMtl材质，如图15-11所示。

图15-11

02 将材质命名为【床头】，在【漫反射】选项组下调整【漫反射】颜色为棕色，设置【反射】颜色为深灰色，设置【光泽度】为0.85。单击【菲涅耳反射】后面的L按钮，调整【菲涅耳IOR】为2.0，如图15-12所示。

艺境 中文版3ds Max三维效果图设计与制作全视频 实践228例 溢彩版

图15-12

03 将调整完成的【床头】材质赋予场景中的床头模型，如图15-13所示。

图15-13

实例220 床单材质

01 选择一个空白材质球，单击 Standard 按钮，在弹出的【材质/贴图浏览器】对话框中选择【VR-混合材质】材质，选择【丢弃旧材质】选项，如图15-14所示。

图15-14

02 将材质命名为【床单】，在【基本材质】通道上加载VRayMtl材质。单击进入【基本材质】的通道中，在【漫反射】选项组下加载【衰减】程序贴图，将第二个颜色调整为黑色。取消选中【菲涅耳反射】复选框，如图15-15所示。

03 展开【贴图】卷展栏，在【凹凸】通道上加载501603-1-7.jpg贴图文件，并设置【瓷砖】的U、V均为3.0，如图15-16所示。

图15-15

图15-16

04 在【镀膜材质1】通道上加载VRayMtl材质，在【漫反射】选项组下加载【衰减】程序贴图，将第二个颜色调整为黑色，如图15-17所示。

图15-17

05 继续在【镀膜材质1】通道上展开【贴图】卷展栏，在【凹凸】通道上加载501603-1-7.jpg贴图文件，并设置【瓷砖】的U、V均为3.0，如图15-18所示。

图15-18

06 在【混合数量1】通道上加载501603-2-7.jpg程序贴图，设置【瓷砖】的U为3.0、【角度】的W为90.0、【模糊】为1.23，如图15-19所示。

图15-19

07 将调整完成的【床单】材质赋予场景中的床单模型,如图15-20所示。

图15-20

实例221 被子材质

01 选择一个空白材质球,单击 Standard 按钮,在弹出的【材质/贴图浏览器】对话框中选择【VRay混合材质】材质,执行【丢弃旧材质】命令,如图15-21所示。

图15-21

02 将材质命名为【被子】,在【基本材质】通道上加载VRayMtl材质。单击进入【基本材质】的通道中,在【漫反射】选项组下调整【漫反射】颜色为黑色。展开【贴图】卷展栏,在【凹凸】通道上加载501603-1-7.jpg贴图文件,如图15-22所示。

03 在【镀膜材质1】通道上加载VRayMtl材质,在【漫反射】选项组下调整【漫反射】颜色为黑色,取消选中【菲涅耳反射】复选框。展开【贴图】卷展栏,在【凹凸】通道上加载501603-1-7.jpg贴图文件。并设置【瓷砖】的U、V均为3.0,如图15-23所示。

图15-22

图15-23

04 在【混合数量1】通道上加载501603-3-7.jpg程序贴图,设置【瓷砖】的U为2.0、V为1.3,如图15-24所示。

图15-24

05 将调整完成的【被子】材质赋予场景中的被子模型,如图15-25所示。

图15-25

实例222 地毯材质

01 选择一个空白材质球,单击 Standard 按钮,在弹出的【材质/贴图浏览器】对话框中选择VRayMtl材质,如图15-26所示。

图15-26

02 将材质命名为【地毯】,在【漫反射】选项组下加载【43812 副本1.jpg】贴图文件,在【反射】选项组下加载【衰减】程序贴图,将第二个颜色调整为蓝色,设置【衰减类型】为Fresnel,如图15-27所示。

图15-27

03 将调整完成的【地毯】材质赋予场景中的地毯模型,如图15-28所示。

图15-28

实例223 灯罩材质

01 选择一个空白材质球,单击 Standard 按钮,在弹出的【材质/贴图浏览器】对话框中选择VRayMtl材质,如图15-29所示。

图15-29

02 将材质命名为【灯罩】,在【漫反射】选项组下加载Archmodels59_ cloth_026l.jpg贴图文件,取消选中【菲涅耳反射】复选框。在【反射】选项组下加载【衰减】程序贴图,将第二个颜色调整为黑色。设置【光泽度】为0.75,选中【影响阴影】复选框,如图15-30所示。

图15-30

03 选择灯罩模型,为其加载【UVW贴图】修改器,并设置【贴图】方式为【长方体】,设置【长度】、【宽度】和【高度】均为300.0mm,最后设置【对齐】为Z,如图15-31所示。

04 将调整完成的【灯罩】材质赋予场景中的灯罩模型,如图15-32所示。

图15-31   图15-32

图15-35

实例224   VR灯光制作灯罩灯光

01 单击【创建】➕|【灯光】💡| VRay ▼ | VR-灯光 按钮,如图15-33所示。在【顶】视图中创建VR灯光,具体位置如图15-34所示。

图15-33

图15-36

图15-34

02 选择创建的VR灯光,在【常规】选项组下设置【类型】为【球体】,在【强度】选项组下设置【倍增】为50.0,设置【颜色】为橘色,在【大小】选项组下设置【半径】为60.0mm。在【选项】选项组下选中【不可见】复选框,如图15-35所示。

03 选择上一步创建的VR灯光,使用【选择并移动】工具💠复制1盏,其具体位置如图15-36所示。

实例225   目标灯光制作射灯

01 单击【创建】➕|【灯光】💡| 光度学 ▼ | 目标灯光 按钮,如图15-37所示。在【左】视图中创建目标灯光,具体位置如图15-38所示。

图15-37

图15-38

02 选择创建的目标灯光，展开【常规参数】卷展栏，在【阴影】选项组下勾选【启用】复选框并设置为【VR-阴影】，设置【灯光分布（类型）】为【光度学Web】。展开【分布（光度学Web）】卷展栏，并在通道上加载【射灯.ies】文件。展开【强度/颜色/衰减】卷展栏，设置【过滤颜色】为橙色，设置【强度】为cd和120000.0。展开【VRay阴影参数】卷展栏，选中【区域阴影】复选框，如图15-39所示。

图15-39

03 选择创建的目标灯光，使用【选择并移动】工具复制11盏，不需要进行参数的调整。其具体位置如图15-40所示。

图15-40

实例226　VR灯光制作辅助灯光

01 单击【创建】＋|【灯光】 VRay ▼ VR-灯光 按钮，如图15-41所示。在【前】视图中创建 VR灯光，具体位置如图15-42所示。

图15-41

图15-42

02 选择创建的VR灯光，在【常规】选项组下设置【类型】为【平面】，在【强度】选项组下调节【倍增】为20.0，调整【颜色】为深蓝色，在【大小】选项组下设置【长度】为3600.0mm、【宽度】为3200.0mm。选中【不可见】复选框，如图15-43所示。

图15-43

03 单击【创建】＋|【灯光】 VRay ▼ VR-灯光 按钮，如图15-44所示。在【左】视图中创建 VR灯光，具体位置如图15-45所示。

图15-44

图15-45

04 选择上一步创建的VR灯光，在【常规】选项组下设置【类型】为【平面】，在【强度】选项组下调整【倍增】为3.0，调整【颜色】为蓝灰色，在【大小】选项组下设置【长度】为3600.0mm，【宽度】为3200.0mm。选中【不可见】复选框，如图15-46所示。

图15-46

实例227 设置摄影机

01 单击【创建】➕|【摄影机】📷|标准 ▼| 目标 按钮，如图15-47所示。在【顶】视图中创建摄影机，具体位置如图15-48所示。

图15-47

图15-48

02 选择创建的目标摄影机，展开【参数】卷展栏，设置【镜头】为27.52mm、【视野】为66.375度，在最下方设置【目标距离】为4476.266mm，如图15-49所示。

图15-49

03 选择创建的目标摄影机，单击右键，在弹出的快捷菜单中执行【应用摄影机校正修改器】命令。在【修改】面板下选择【摄影机校正】，展开【2点透视校正】卷展栏，设置【数量】为-1.39，如图15-50所示。

图15-50

实例228 设置成图渲染参数

01 按F10键，在打开的【渲染设置：V-Ray 5，update 2.3】对话框中重新设置渲染参数，选择【渲染器】为V-Ray 5，update 2.3，选择【公用】选项卡，在【输出大小】选项组下设置【宽度】为1000、【高度】为750，如图15-51所示。

图15-51

02 选择V-Ray选项卡，展开【帧缓冲区】卷展栏，取消选中【启用内置帧缓冲区】复选框。展开【全局开关】卷展栏，选择【高级模式】，取消选中【置换】、【过滤全局照明】、【最大光线强度】复选框。展开【图像采样器（抗锯齿）】卷展栏，设置【最小着色速率】为1，展开【图像过滤器】卷展栏，选择【过滤器】为Catmull-Rom。展开【颜色贴图】卷展栏，选择【高级模式】，设置【类型】为【指数】、【伽玛】为1.0，勾选【子像素贴图】复选框，选择【模式】为【颜色贴图和伽玛】，如图15-52所示。

03 选择GI选项卡，展开【全局照明】卷展栏，选中【启用全局照明（GI）】复选框，设置【二次引擎】为【灯光缓存】。展开【发光贴图】卷展栏，选择【高级模式】，设置【当前预设】为【低】，选中【显示直接光】复选框，选择【显示新采样为亮度】。展开【灯光缓存】卷展栏，取消选中【折回】复选框，如图15-53所示。

图15-53

04 最终渲染效果如图15-54所示。

图15-54

图15-52